平林さん、自然を観る

平林浩
Hirabayashi Hiroshi

太郎次郎社エディタス

挿絵はすべて著者による

まえがき

「時速三百メートルで歩くのもいい」

そんなことばがふと浮かんできたのは、長野県の北部、JR大糸線の神城駅あたりから、姫川の源流の小川に沿って、青木湖のほうに歩いていったときのことだった。

五月、ゴールデンウイークが過ぎたころ、このあたりは絢爛たる春になる。ちょっと林に入れば、カタクリの花やエンゴサクの花が林床を埋めている。こんこんと湧く水はすぐ流れをつくり、澄んだ水のなかにヤマメの影が走る。田はスズメノテッポウやタネツケバナの花でいっぱい。その草のなかにタシギという鳥の姿が見えたり、川辺の木の枝にオオルリが羽を休めているのが目に入ったりすると、しばらくはそこに立ちどまって見てしまう。なかなか先に進まない。「もう一時間もたつのに、これしか進んでいないのか。これだと時速三百メートルほどだなあ」と思ったのだ。

わたしの住居は東京・府中市にある。家はほぼ東西に連なる河岸段丘の縁に建っている。だから家の南側は見晴らしがよい。家を建てたころは一・五キロメートルほど向こうの多摩川の土手も見えた。その先には多摩丘陵がゆるやかに連なっている。多摩川まではずっと田んぼや原野だった。春は田んぼにレンゲの花が咲き、夢のようにきれいだった。少し西に目をやると、富士山が真っ白な頂を見せていた。いまでも富士山は見えるが、手前の風景はすっかり変わってしまった。中央自動車道ができて多摩川の土手は見えなくなった。北側は武蔵野の台地。京王線の線路や甲州街道が東西につながっている。一面に畑だったが、いまはほぼ家で埋まった。

それでも、畑はぽつぽつ残り、水田もわずかに残ってはいる。わが家の東側と西側は、まだ畑になっていて、みかんの樹が植えられたり、花の栽培がおこなわれたりしている。鳥や虫がわが家を訪れ、みかんの花の香りが部屋のなかにまで入ってくる。

もっともよく歩きまわるのは、信州の戸《と》隠《がくし》と霧ヶ峰。善光寺平の千曲川べりを歩くのも好き。戸隠では集落のなかの道、林のなか、戸隠神社のある森林植物園や戸隠牧場あたりだろうか。なんといっても戸隠は樹が豊かだ。だから鳥も豊か。クマ、イタチ、テンなどの

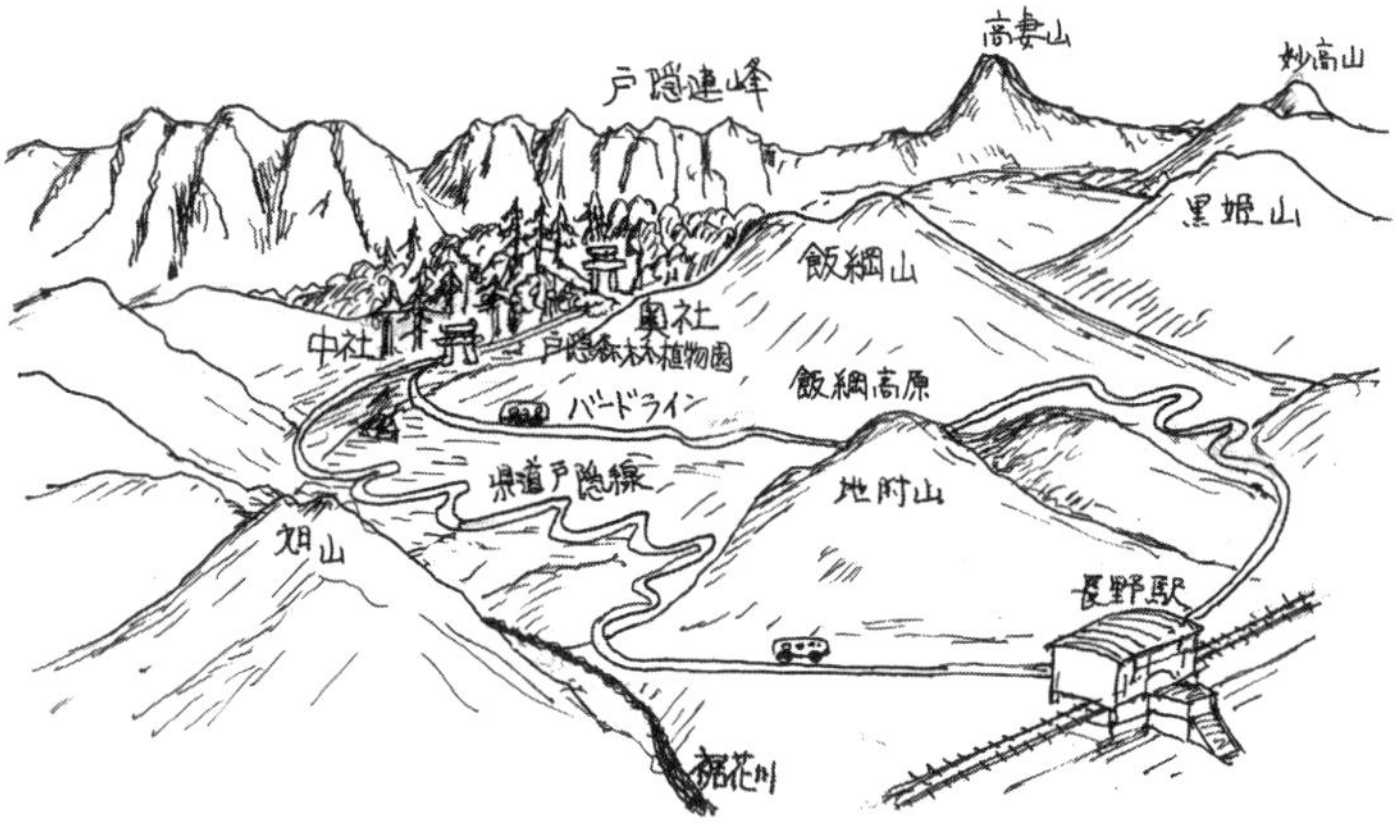

けものにも会える。大学生のときに二年をこの地で過ごし、その後、長野市の小学校に三年勤め、戸隠は第二の故郷になった。幸いなことに、友人の別荘が戸隠の集落のなかにあって、管理を任された。おかげでゆっくりと戸隠を歩くことができる。

生まれは諏訪の現・岡谷市。育ったのは茅野市。子どものころ、父親が自然のなかに連れだしてくれた。山菜採り、キノコ採り、お盆には仏壇に敷くマコモを採りに行ったり、仏壇を飾る花をひと抱えも採ったりした。よく川へ魚釣りにも行った。中学校になったころには、鳥も教えてくれた。霧ヶ峰高原は、高校生のとき生物クラブで実地調査に行って以来、いまも年に何回かは訪れる地だ。

一九八八年、わたしは学校の教員を辞めて、出前教師を名乗り、わたしと授業をするためにつくられた、子どもや大人のサークルで授業をするようになった。いくつものグループがつくられた。科学の授業をやる一方、自然に親しむこともいっしょにやった。遠足と名づけた。キノコ遠足、桃の花遠足、水晶を拾う、ザクロ石を探す、化石を探す、海の生物を探すなど、自然をいっしょに楽しんでいる。何を教えるというのではなく、ゆっくり自然のなかを歩き、探し、眺め、観る。みな、それが大好きである。

生まれ育った長野県の諏訪地方、第二の故郷になった戸隠、いま日々を過ごす東京の府中での、自然との出会い。この本は、その出会いのなかで、わたしが心動かされ、深く観察したり、つきあったりした記録である。

目次

天を観る、地を観る
光と結晶　91

生きものを観る
日々の出会い　135

鳥を観る

信州戸隠にて

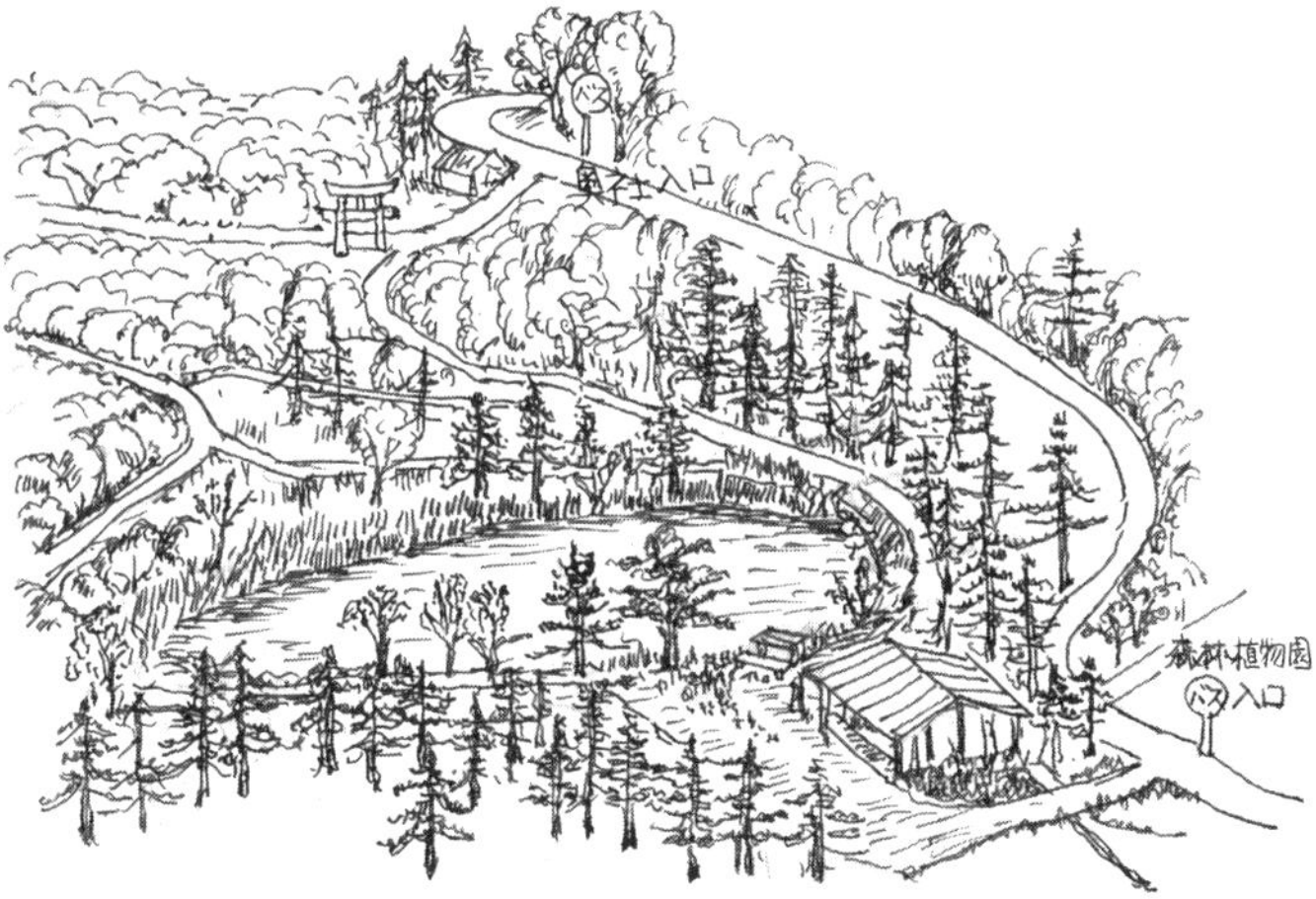

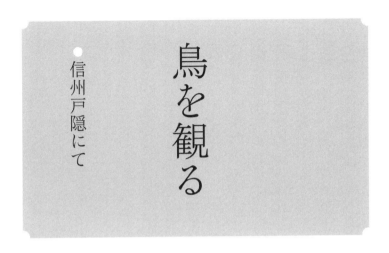

日暮れどきの追跡

シジュウカラのねぐらを探す

警告する声

「もう日が沈むのか」

日の光は樹々のあいだを真横に抜けていた。樹の長い長い影は林の落葉の上から、稲の切株だけの田の上を過ぎ、ずっと向こうの人家のほうまで伸びている。とはいっても、その長い影が見えるほど日の光は強くないのだが。

庭の落葉を竹箒で掃いていると、「シチピン、シチピン」と鳥の声が耳に入ってきた。

「おや、シジュウカラかな。だけど、いつも聞く声とちょっと違うなあ」

声はたしかにシジュウカラだ。でも、「ツーピー、ツーピー」という、さえずりの澄んだ、高らかな声とは違う。「シチピン、シチピン」と、チとピの音にとくに力が入っている。しかも、その声が何回もくりかえされているのだ。

「へんだなあ、こんな夕暮れに。どうしたのだろう」

わたしは声のほうに目を向けて、鳥の姿を探した。鳥は思ったより近くにいた。やはりシジュウカラだった。竹箒を二本もつなげば届きそうなハンノキの小枝に止まって、からだの前部を左右に振りながら「シチピン、シチピン」と鳴いている。

「ほかに仲間がいるのかなあ」と思い、目をあちこちに動かしてみたが、鳴いている一羽だけしか目に入らない。

どうも、その鳴き方が気になってきた。わたしに向かって何か言っているような感じがした。ハンノキの小枝のあいだを小さく移動はするのだが、あきらかにわたしに注意が向けられている。わたしはあえて一歩二歩とシジュウカラのほうに近づいてみた。すると、今度は「ジュクジュクジュク……」と警戒の声を出しはじめた。巣の近くに人やほかの動物が近づいたとき発せられる鳴き声。

「近づくな。ここから出ていけ」

もしシジュウカラが日本語で表現することができたら、そう言っているにちがいない。

「おかしいなあ。いまごろ巣などつくっているはずないし、雛《ひな》がいるわけもない。危険を知らせる仲間がいるわけでもないのに」

このジュクジュク声は、近づくものには警告の声であり、仲間や雛にとっては危険を知らせる声である。巣のなかで餌をねだって「シーシー」とにぎやかに鳴いている雛は、このジュクジュク声でぴたりと鳴くのをやめ、巣のなかで身を固めて動かなくなる。巣立ちをして親のあとを追って「シーシー」と鳴いているときも同じで、鳴くのをやめ、枝の上で身をすくめる。

このシジュウカラの「ジュクジュク」は、あきらかにわたしに向かって発せられていることがわかった。

「はいはい、わかりました」

わたしは身を引くことにした。ゆっくりと建物の陰に移動した。シジュウカラの姿は見たいから、からだは建物に隠しながら顔だけをのぞかせ、しゃがみこんだ。しばらく動かないでいた。

「ジュクジュク……」は止んで、「シチピン、シチピン」にもどった。しばらくすると、シジュウカラはハンノキの枝からヤナギ（ヤマネコヤナギ）の枝に移った。鳴き声がしなくなったと思ったら、すっと姿が消えてしまった。いつのまにか日は遠くの山に隠れ、うす暗くなっていた。

「あれ、シジュウカラはどこへ行ったのだろう」

そのヤナギの樹の地面から四メートルぐらいの高さのところに穴がある。太い枝が枯れて落ちたあとが朽ちて、幹に穴ができたのだろう。わたしのにぎりこぶしがやっと入るぐらいの大きさである。

「そうだ。きっとあの穴に入ったのだろう。あの穴を夜に眠るところにしているにちがいない」

シジュウカラが木の穴や水抜きの土管などを寝どころに利用している例を、本で読んだことがある。しかし、じっさいには見たこともないし、一羽で眠るのか、何羽か群れになって眠るのかも知らなかった。

まだうす明かりが林のなかにもあった。双眼鏡を持ってきて、穴のところを見た。穴はわたしの見ている側に開いているのだが、中は暗くて見えなかった。そうしている間に、初冬の林は暗くなってしまった。

◎つきとめたねぐら

つぎの日もいい天気だった。午前の明るい光のなかで、あらためてヤナギの幹の穴を双眼鏡で見た。思ったよりも奥行きはない。

「今日もあのシジュウカラが来るだろうか」

日が傾くころ、昨日、落葉を掃いていたあたりで待ってみた。やがて屋根の上のほうで「シチピン、シチピン」と鳴き声がした。鳴き声は昨夕のハンノキに移った。今日は双眼鏡を用意してある。わたしが動くと「ジュクジュク……」がはじまった。

今日はあの穴に入るかどうかを見たい。穴がよく見えるベランダの隅に身を隠した。鳴き声は「シチピン、シチピン」に変わってヤナギの小枝に移った。わたしは木の穴に双眼鏡のピントをあわせて息をひそめた。声が止んで二、三、呼吸したときだ。ヤナギの幹の穴に白い色がすっと入った。

シジュウカラはしばらくもぞもぞ動いていた。穴は奥行きが浅いから、尾羽は穴の奥の壁に立てかけたようになっている。顔はこちらを向けて座りこんでいるのが見えた。

「なんだかきゅうくつそうだなあ」と思い

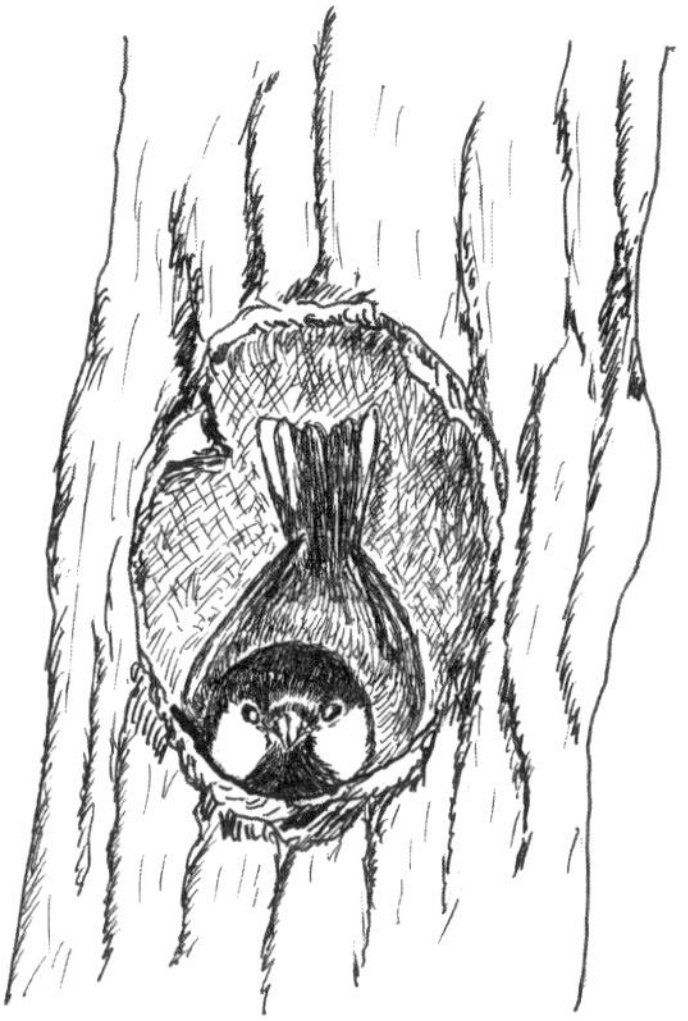

ながら、しばらく見ていた。シジュウカラはもう身動きしなかった。きっと頭をうしろに回し、くちばしを背の羽のなかに埋めて眠っただろう。光が足りなくてそこまでは見えなかった。

「シジュウカラはこんなところで眠るのか」

はじめてシジュウカラの眠る場所を見て、わたしはしばらく興奮していた。

その後ずっと、その穴を夜の眠りの場としていたかどうかはわからない。わたしはその場所から東京にもどらなくてはならなかったから。

それから一年後の初冬の夕方、今度はその建物の北側の車庫のあるところで、「シチピン、シチピン」の声を聞いた。見まわしても木の幹の穴などない。どこに眠るのかを見とどけるために、わたしは身を隠した。

「シチピン、シチピン」と言いながら栗の木の枝にいたシジュウカラは、車庫の波型の鉄板でできた屋根と、その縁にある鉄板の雨樋とのすきまにするりと入りこんだ。この雨樋は屋根の傾斜のかげんで雨水が入らない。しかも屋根の鉄板でふたをされたようになっていて、わずかなすきましかなかった。

「なるほど、ここなら風も雪も入らないし、猫やイタチもちょっと入れないだろうな」と思った。でも鉄板は冷たそうだった。

空中のハンティング

ツバメたちの餌採り

街なかの飛翔

ツバメが飛ぶ姿を見るのが好きだ。青々と葉を伸ばす水田の稲の上をかすめるように飛ぶツバメ。池の水面をかすめて飛ぶ姿。高原の草花の上を高速で過ぎゆく姿。街の家やビルのあいだをみごとに身を翻しながら飛ぶ姿を、ついしばらく見つめてしまう。空中に自由に道をつけ、滑るように飛ぶかと思えばひらり向きを変え、二、三回羽ばたくともう、はるか彼方に姿を消してしまう。

ツバメは高速で飛びながら何をしているのだろう。スズメは飛んでいるときよりも、地面に降りているときや、木の枝、電線、人家の屋根などに止まっているときのほうがずっと多い。カラスだってハトだって、飛んでいる姿は目につくけれども、ほとんどはどこかで餌をついばんだり、休んだりしている。でも、ツバメは飛んでいるときのほうがずっと多い。もちろん、電線などに止まって休んでいる姿はよく目にするし、夜眠るときは木の枝や草の茎に止まって眠っているのだが。

スズメは、地面に落ちている草木の種子などをついばんで餌にしている。草木の茎や枝についている実や種子を食べることも多いが、そのときも枝や茎を足指でつかんで、止まってついばんでいる。ほんのまれに、空中で蟬や蝶などの虫を飛んで捕まえることもある。ほとんどは地面に降り立ってか、木の枝や草の茎に止まって虫を捕まえている。

ツバメが何かに止まって餌をついばむところを、わたしは見たことがない。ツバメの餌を採るところは空中。飛んでいる小さな虫を高速で飛びながらついばんでいるのだ。どのように虫を捕まえるのか、その瞬間を見たいと思い、双眼鏡で姿を追いつづけるのだが、いまだはっきり見られない。でも、街のなかではけっこう虫を捕まえる瞬間を見ることがある。それも肉眼で。雛を育てるころ、ツバメは比較的大型の虫を捕まえる。小さな蛾、クモ、ユスリカなど、わたしの目に見える虫が街灯の明かりに集まってくる。それを捕まえる。そう、夜の街がすっかり明るくなってしまって、ツバメも残業してしまうようだ。

夜九時ごろになってもまだ虫を捕まえて雛にあげているツバメを見かけると、「おいおいそんなに働いて、無理するなよ」とつい声をかけてしまう。

こういうときは高速で飛ぶのではなく、羽ばたきながら虫をくちばしでくわえる。朝早い電車に乗るため駅のホームにいるとき、すっと飛んできたツバメが、蛍光灯のところから飛び立った小さな蛾をくちばしにくわえるのも見た。だからきっと、水田の上を飛びながらも、そのように虫を捕まえているのだろう。

◎林上の乱舞

五月の千曲川は山々の雪解けの水を集めて水量が多かった。川原の草木は芽吹きから若葉のころ。流れを見下ろす草の上に座ってカワセミの姿など探しているときだった。十羽ほどのツバメが、水面すれすれに飛び交いながら、上流から下流へと移っていく。移る速さは水の流れる速さと同じだということに気づいた。そのツバメは、流れが瀬に変わって波立つところまで行くと、さっと反転して上流まで飛び、また水の流れとともに飛び交いながら下ってくる。双眼鏡で見ると、水面に近いところに小さな虫が飛んでいて、それが水流によってできる空気の流れに乗って下ってくるのを捕まえているようだった。何回かくりかえして、ツバメは飛び去った。

長野県の蓼科《たてしな》高原のあるホテルで研究会があった。林の続く斜面に立つ鉄筋コンクリート造りのホテルは、夏の緑のなかに目立っていた。ホテルの建物に近づいて驚いたのは、建物に巣をつくっているイワツバメの数だった。もう雛が巣立つころだった。イワツバメの数は数百羽にもなるのではないかと思われた。イワツバメはもともと山の岩場に巣をつくり、雛を育てていた、ツバメよりも小型のツバメだ。ツバメは集団で巣をつくることはないが、イワツバメは何十何百という集団で繁殖する。巣はつがいでつくり、雛を育てるのだが、巣はたがいにくっつきあうぐらいにつくられていて、よくまちがえないなと感心するぐらいだ。近年、このイワツバメは、人間がつくったコンクリートの建物を繁殖の場所にするようになった。

ホテルの部屋に入って窓から外を見ると、たいへんな数のイワツバメが林の上で飛び交っているのが見えた。見ていると、その飛び方に一定の動きがあるのに気がついた。ホテルの南側は下り斜面で、林がはるか向こうまで続いている。林の樹の上で、イワツバメが乱舞するように飛び交い、その乱舞は斜面に沿って上がっていき、やがてばらばらになった。しばらくすると、またわあっと集まってきて、乱舞しながら斜面に沿って上がっていく。持ちあわせていた双眼鏡で見ると、乱舞するように見えたのは虫を捕まえる動きだった。よほどたくさんの虫がいるのだろう。よく晴れた暑い夏の日だった。午後になると、山の麓《ふもと》で温められた空気は強い上昇気流になり、山の斜面に沿って昇ってくる。上昇気流は一様に流れるのではなく、水のなかを大きな水蒸気の泡が昇っていくように、わきたつように昇るのだと聞いたことがある。上昇する温められた空気は、林の樹々の葉などについてる虫をいっぱい巻きこんでくる。それが来るたび、イワツバメが集まるにちがいない。

◎雲の下の輪舞

七月、八月、真夏の日の強い日射の午後、急に雲がわいてあたりがうす暗くなるときがある。長野県戸隠でもよくそんな日がある。すると、どこからともなくツバメたちが集まってくる。ツバメもイワツバメもいる。それだけではなく、長い三日月型の翼をしたアマツバメもやってくる。アマツバメはツバメよりずっと大きく、飛ぶのも速い。高山の岩場などに巣をつくり、雛を育てる。よく見ると、アマツバメより尾羽が短いハリオアマツバメも混じっている。これらの

ツバメが入り乱れて飛び交い、まるで蚊柱のように、高い高い空に昇っていく。そのツバメ柱は高い空に昇りながら少しずつ移動していく。双眼鏡でやっと確認できるくらいの高空まで昇ったころには、水平距離で数百メートルから一キロメートルも移動している。ツバメたちはやがてちらばっていくが、また新しいわきたつ雲の下に集まり、チィーチィーと鋭い鳴き声を交わしつつ、輪を描くように入り乱れ、ツバメ柱をつくって昇っていく。

あたりが暗くなるほどの雲は積乱雲だ。地表が強い日射で温められ、温まった空気は強い上昇気流になって昇っていく。そのとき、水田や畑や林の虫たちをいっしょに巻き上げていくのだ。ツバメたちは、それをどうして知るのだろうか。アマツバメなどは、何キロメートルも遠方からやってくるにちがいない。空中を漂う虫を餌にするツバメたちは、空気の動きをみごとに捉えて餌を採っているのだなあとつくづく思う。

絵▷P17上：イワツバメ、同下：ツバメ、P21：アマツバメ、P22：ハリオアマツバメ

水鳥の親子に会いにいく

カイツブリとカルガモの子育て

今年もみどりが池へ

巣をつくりかけていたあのカイツブリはどうしているだろう。順調にいけばもう雛がかえって、親鳥といっしょに小さな波を立てながら動きまわっているだろうな。毎年、巣をつくって雛をかえしているカルガモは、今年も雛を一列にうしろにひき連れているだろうか。そう思うと、どうしてもその姿を見たくなった。

カルガモやカイツブリの雛は東京の多摩川でだって見

ることはできるのだが、戸隠森林植物園のみどりが池のように、近くで心ゆくまで見られるようなところはない。カイツブリもカルガモも人間をそれほど警戒していない。池の大きさが適当で、周囲の森林の緑と戸隠山を映す水面は美しく、標高も高いから涼しく快適だ。池の周囲が小高くなっていて、池全体を見ることもできる。また、いろいろな鳥たちの姿を見ることもできる。

ということで、また戸隠まで行くことにした。雛がかえって親鳥といっしょに行動するようになるのは、例年七月半ば。今年は六月まで寒い日が多く、季節の進み方が遅れていたからどうだろうと思いつつ、七月半ばに、今日はみどりが池にだけとどまってカイツブリやカルガモを見ようと決めて出かけた。長野駅からバスで小一時間。森林植物園入口で降りる。みどりが池は入口からすぐだ。

「どうかな、雛はいるかな」

そっと近づいた。遠目では水面にその姿はなかった。近づいて、まえにカイツブリが巣をつくりかけていた数本のガマが生えているところに目をやった。その茎は倒れていて茎には巣材らしきものがついていたが、巣といえるものではなかった。

「おやおや、巣がこわれて、子育ては失敗だったのかな」と思いながら見ていると、左手のスゲが繁ったところに動くものがあった。双眼鏡で見ると、草の茎のあいだにカイツブリの親と雛がちらちらと見え隠れしていた。

「別の場所に巣をつくって雛がかえったんだ」

そう思いながら、今度はカルガモはどうだろうと池の周囲に沿って目を移していった。すると、池の北側のいちばん遠くなっているところの草の根元に動くものが見えた。双眼鏡の視野には、何羽ものカルガモの雛が草の根元をつついている姿が入った。親鳥も草のあいだから姿を現した。親鳥は水面に出ると、東側のほうに移動しはじめた。すると、草のあいだからつぎつぎと雛が姿を見せ、親鳥のあとに一列に並んで、水面を滑っていく。いち、に、さん……全部で七羽。まだほんとうに小さい。孵化して三、四日ぐらいだろうか。親鳥のあとをきれいに並んで進む雛たちは、文句なくかわいい。

親鳥は、背の低いハンノキが水面に張り出すように繁っているところに行き、ハンノキの根元のあたりをつついて何か食べはじめた。すると、あとからついて来た雛たちもそれを真似て、あちこちでハンノキの根元をつつきはじめた。親鳥は少し離れたところで静かに水面に浮いている。

◎餌を採って与えるカイツブリ、見守るだけのカルガモ

カイツブリはと西側のほうに目を移すと、こちらも親鳥が姿を現し、そのかたわらに二

羽の雛が浮いていた。これもまた孵化してから数日ぐらいのものだろう。親鳥は雄か雌か区別がつかないが、カイツブリは雄・雌がいっしょに子の世話をするから、もう一羽どこかにいるのだろう。

　親鳥は突然ぷくりと水にもぐった。と、すぐに雛のそばにぷくりと姿を現した。くちばしには虫のようなものをくわえていた。きっとトンボの幼虫か何かだろう。それを一羽の雛のくちばしに移すと、またぷくりともぐった。雛はうまく餌を飲みこんだ。また親鳥は虫のようなものをくわえて浮いてきた。それをもう一羽のくちばしに移した。

　そのとき、西側のスゲの繁みのなかからもう一羽のカイツブリが姿を現した。この親鳥にも二羽の雛がついていた。さきほどの親鳥とは数メートル離れている。ふつうカイツブリは雄と雌がいっしょに雛の世話をしているのに、ここでは二羽ずつに分けて世話をしているように見えた。

　やがて双方の親鳥の距離が縮まったとき、一羽の雛がもう一方の親鳥のほうに泳いでいった。その親鳥はべつに気にとめている様子も見せない。雛は二羽とも親の近くにいて、これも気にとめるふうもない。いっしょになるのかなと思って見ていたら、近づいていった雛はまたもとのほうにもどってしまった。しばらくすると、あとから現れた親鳥は雛を

連れてスゲのなかに入っていった。よく見ると、そこに巣があった。親鳥は巣の上にしゃがみこんだ。きっと雛は親鳥の羽の下にもぐりこんで休んでいるのだろう。

そのとき、もう一方の親鳥のほうはひと目で魚だとわかる餌をくわえてきた。くちばしから大きくはみ出して銀色に光っている。親鳥はそれを雛のくちばしに移そうとしたが、雛はうまくくわえられず落としてしまった。親はすぐ拾い上げてまた雛のくちばしに移した。くわえることはできたが、飲みこむことはできずにまた落とした。すると親鳥はそれを拾い上げて、今度は自分で飲みこんでしまった。

しばらくすると、親鳥はまた魚をくわえてきた。さきほどより少し小ぶりだ。雛のくちばしに移した。今度はうまくくわえることはできたが、少し横向きで飲みこめない。親鳥はくちばしを添えて魚の向きを直した。それでもなかなか飲みこめない。親鳥はまたくちばしを添えて魚の位置を直した。雛はがんばって、ついに飲みこむことができた。

わたしは、「ああ、こうして魚のくわえ方、飲みこみ方の体験をして餌をうまく食べられるようになっていくのだなあ」と思いながら見ていた。

雛もときどき水にもぐっていた。でも餌はくわえていない。

カルガモの親は雛に餌を採って与えることはしない。雛たちははじめから自分で餌をとって食べる。そして雛の世話をするのは雌の親鳥だけ。池に雄鳥の姿はない。

　七羽の小さな雛をひき連れた親鳥はハンノキの根元から、水草の葉が水面を覆っているところに移った。親鳥はそこで止まって、水草の葉の表面をつついていた。小さな虫を捕まえているようだ。すばやく動いて水面を逃げる虫も追って捕まえた。すると、雛たちもあちこちとちらばって水草の葉の表面をつついたり、葉のあいだをつついたりしはじめた。すばやく動いていく虫を追って二、三メートルも離れる雛もいる。七羽の雛がめまぐるしく動きまわっているあいだ、親鳥は静かに水に浮いて雛たちの近くにいた。

　このあと、カルガモの親子は岸辺の木の切株のところで一時間ほど休み、また水面に出た。そこに一羽のカルガモが飛んできて着水した。そして、水草の葉のあいだで餌をとる雛を見守る親鳥のところにゆっくり近づいた。ほとんどくちばしが親鳥のところに触れるほどに近づいたとき、親鳥は突然はげしく突きかかり、二メートルほども追いかけた。やってきたカルガモはあわてて逃げ、離れていったが、やがてはたはたと羽音をたてて南のほうに飛び去った。あれはこの子どもたちの父親かもしれないなあと思った。

鳥たちの生命の樹

ミズキの実を食べるヒタキのなかま

夏の終わりの鳥待ち

みどりが池の水は、わずかに色を変えはじめた樹々の緑を映していた。六月、七月と、カルガモの親子とカイツブリの親子を浮かばせ、輝く緑を映し、ノジコの弾むさえずりの声を跳ねかえしていた水は、波ひとつ立てるでもなく夏の生命の営みを終えて静かだった。九月ももうすぐ終わりの戸隠——。

七月の下旬、カルガモとカイツブリの親子がこの池で生き生きと動きまわっていた。カルガモの子は七羽、そして母鳥。カイツブリの子は四羽。カイツブリは雌雄両方で子育てをする。どちらが母親でどちらが父親か、はっきり見分けはつかないのだが、それぞれが二羽ずつ子どもを分担して、面倒をみていた。カルガモは雌だけが子どもを育てる。

そのカルガモとカイツブリが九月の末でもこのみどりが池にいるのかなと、それをたしかめたくて池に行った。子どもたちが大きくなればこの小さな池ではとても食料は足りないだろうから、もっと広い池や川に移ってしまうだろうとは予想していたのだが。目の前の池にはどちらの鳥の姿もなく、トンボが一匹、水面をかすめただけだった。ひっそりとして鳥の声もしなかった。

ここにいればそのうちにほかの鳥の姿も見えるだろうと思い、木陰にリュックを下ろし、池の端に設置されている木の椅子に腰を下ろした。今年はいつまでも気温が高い。雲の多い天気だったが陽が射すと暑かった。ちょうど昼どき。鳥たちもいちばん動かないときだ。コーヒーでもいれようとガスコンロに火をつけた。樹々のあいだからしみ出てきたような、わずかな風に漂うコーヒーの香りを表すことばが見つからない。

と、そのとき、池の端にある樹の上のほうの枝に何か小さな鳥が飛んできたように見えた。あわてて双眼鏡を出して手に持った。高いところだから肉眼では鳥の姿は捉えられない。しばらくすると、少し離れたカラマツ林のほうから、ちらちらと小さな鳥が、さきほどの鳥がやってきた樹の高い梢《こずえ》のなかに入りこんだ。姿は見えない。樹から少し離れて、鳥が来た樹を横のほうから見てみることにした。ちらちらと姿が見えたので、双眼鏡を目に当てた。小さな鳥がやって来た樹には黒い小さな実がいっぱいついているのがわかった。枝ぶりから見てミズキという樹だ。その鳥はミズキの実を食べにきたにちがいない。

逆光になっていて羽の色がわからない。樹の西側に回りこんだ。ちらちらした感じの飛び方や大きさから見て、ヒタキのなかまの鳥にちがいない。

「コサメビタキかな」と思う。六月に来たときに、このすぐ近くで巣をつくり、卵を温めていたからだ。もう南へ渡るころだ。しっかり栄養を貯えるために木の実を食べているのかもしれない。よく似た鳥にサメビタキやエゾビタキがいるが、わたしはコサメビタキは何回か見ているので、しっかりと姿が捉えられればすぐわかる。とはいえ、小さい鳥たちはじっと枝に止まっていることはほとんどない。

やっと双眼鏡で捉えた。黒いつぶらな目だ。これはもうヒタキのなかまであることは確か。そうしているうちに、カラマツ林のほうからつぎつぎに飛んできて、ミズキには十羽を超える数のヒタキが集まった。コサメビタキではない。胸から脇にかけて黒茶色の羽が縦縞のようにあるのが目立っていた。コサメビタキはその部分がほとんど白い。サメビタキはもっと茶色っぽい。とすれば、これはエゾビタキか。リュックから小さい図鑑を出してたしかめた。胸から脇にかけての羽の色はエゾビタキだ。あと背面の風切羽《かざきりばね》の縁

と大雨覆《おおあまおおい》の縁の白が目立っていれば、もっと確かだ。
幸い、低い枝にいた一羽の背面がはっきりと見えた。高いところにたくさんやってきたから、低い枝のほうにも下りてきたのだろう。エゾビタキはしばらく実をついばむと、またカラマツ林に飛んでいく。ぱらぱらと続いて飛んでいって、ミズキは静かになった。

◎一本の樹に支えられて

すると、池の向こう側から一羽の大きめな鳥がミズキにやってきた。その飛び方とからだの形から、アカゲラだとわかった。アカゲラとオオアカゲラは、止まってから双眼鏡でたしかめないと区別がつかない。ミズキの枝にとりついて実をついばみはじめたのは、やはりアカゲラだった。頭のうしろと腰が紅い。

「おや、これはなんだ」

エゾビタキと大きさはほとんど違わないが、動きがどこか違う鳥が来た。あまりせわしくは動かない。見やすい枝に止まってくれた。

「おお、ルリビタキだ」

背や脇の瑠璃色の羽ですぐわかった。この鳥もミズキの実を食べにきたのだ。ルリビタキは夏には亜高山で繁殖し、秋から冬にかけては低い山で過ごす。きっと戸隠山麓で夏を過ごし、九月下旬のいま、森林公園あたりで餌を採り、だんだん善光寺平のほうに下っていくのだろう。

エゾビタキの繁殖地はサハリン、千島列島、カムチャッカなどの北の地だそうだ。九月の末から十月の初めにかけて、日本列島で餌を採りながら南へ旅していく鳥だ。旅鳥とよばれ、秋の九、十月には南へ、四、五月には北へ行くときに通過していく。戸隠のような山地だけでなく、関東平野の市街地の公園などでも見かけることがあるそうだが、わたしは街で出会ったことはない。

またエゾビタキがカラマツ林からつぎつぎと飛んできては、実をついばみはじめた。羽ばたきながらひょいと実をくわえるときもある。ヒタキのなかまは空中で飛ぶ虫を捕まえることが多いのだが、実を採るときもそうするのだ。ふと気づくと、違う動きを見せている鳥がいた。枝に縦に止まって移動し、枝に止まったまま実をくわえた。この鳥はキツツキのなかまのコゲラ。さきほどのアカゲラにくらべるとずっと小さい。黒い縞模様がはっきりしている。東京の街なかでも見かける鳥だ。

エゾビタキがカラマツ林に引きあげたとき、バサバサという感じでミズキの枝に飛びこんできた鳥がいた。ひと目でアカハラだとわかった。アカゲラぐらいの大きさ。二羽やってきて、さかんに実をついばんでいた。からだが大きいから、枝に止まって首を伸ばせば実をくわえることができる。

「チーチー」と細い声がした。別の方向からこれもまた小さい鳥が、パラパラと飛んできた。鳴き声からカラ類だということはわかる。双眼鏡でたしかめると、シジュウカラとコガラだった。そういえばコゲラやシジュウカラやコガラは、いっしょの群をつくって餌探しをしていることが多い。秋から冬にかけては樹の実を食べるのもよく見かける。

みどりが池の南側にある一本のミズキ。初夏に白い花をいっぱいに咲かせるこの樹の実が、秋に黒く熟す。その実を食べに鳥たちが集まってくる。長い旅の体力をつけるために。高い山から低い地に移る途中で。そして一年中この地で過ごすアカゲラやコゲラ、シジュウカラ、コガラたちも、みんなミズキの実を食べにやってくる。この一本のミズキが、この時期の鳥たちの命を支えているのだ。ためしにひと粒口に入れてみたら、苦く渋く、そしてちょっと酸っぱかった。

栗の実を食べたのはだれ？

カケス・ネズミ・リスの冬支度

さきを越された栗拾い

部屋の前の庭を隔てて小さな林がある。もともとは畑だったということだが、いまは栗の木を主にした林になっている。栗の木は自然に生えてきたものらしく、小さな実がなる山の栗で、不規則に十本ぐらいが立っている。三年ほどまえ、白髪太夫《しらがだゆう》（クスサンの幼虫）にすべての葉を食べられ、丸裸になって

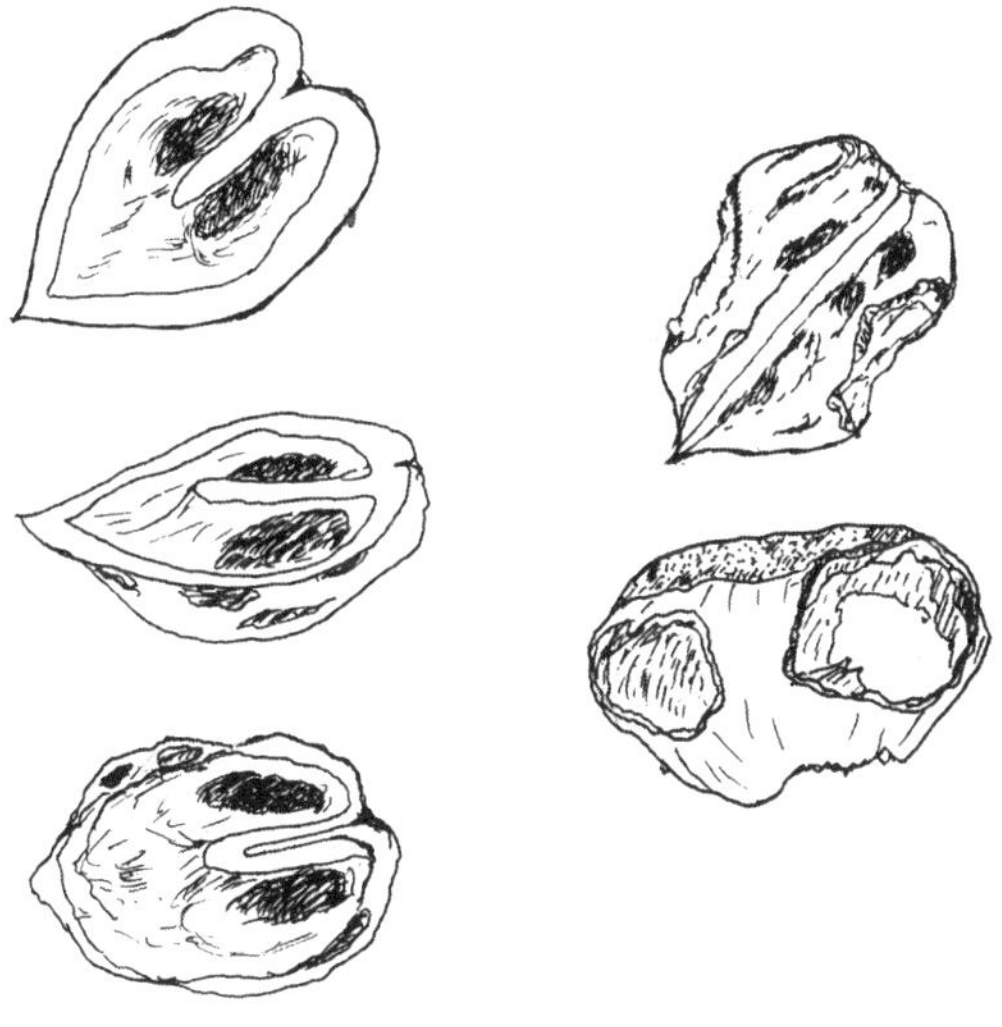

しまった木たちだが、昨年も今年もたくさんの実をならせて元気である。

戸隠では、山の栗の毬《いが》が笑《え》んで実が落ちるのは十月の初めごろになる。「毬栗が笑む」ということばは、いいことばだなと思う。とげとげでしっかりと身を固めていた毬栗が、中の実が熟すと、「にこっ」と笑ったようにとげとげの皮を開く。ほんとうに笑むようだ。毬が笑むと艶やかな実が顔を出し、やがて実はぽとりと落ちる。屋根にかかった枝から実が落ちると「ことん」と音がし、「ころころ」と転がる音がして、下の草のなかで「ぽとっ」と音をたてる。秋の音だなあと思う。

ふつうは実がさきに落ちて毬は後日に落ちる。ときには実が入ったまま毬が落ちることもある。今年十月七日に戸隠へ行った。栗の実をたくさん拾うのを楽しみにしていた。部屋の前の庭には毬が敷きつめたように落ちている。裏の車庫の横にある木の下にも毬がたくさん落ちていた。

「遅かったかな」

そう思った。

思ったとおりだった。地面に目を走らせたが、あの栗色の艶やかな実はすぐには見つからなかった。毬の多さからいって、いっぱいちらばっていていいはずなのに、探さなければ見つからない。だれかが入りこんできて拾ったということも考えられるが、それらしき形跡もない。第一、戸隠の人たちは小粒の山の栗など、いまは目もくれない。

「ジャージャー」

林のなかから鳥の声が聞こえた。

「ああ、やっぱり来ていたか」

カケスの声だ。この鳥はカラスのなかま。声はよくないが、姿はけっこうきれいだ。とくに翼にある黒と瑠璃色の縞模様の羽は美しい。大きさはちょうどハトぐらいだが、ハトよりは尾が長い。日本全国の比較的深い山にいる。

秋、栗の実やどんぐりが実るころになると、里の山にやってくる。わたしは部屋に入ってひと休みしながら、ガラス戸越しにカケスを観察することにした。カケスは林のなかの地面から一メートルほどの高さの木の枝に止まって、しきりに首を動かしながら地面を見ていた。やがてすっと地面に降りたと思ったら、くちばしに栗の実をくわえて枝にもどった。

「どのように食べるのかな。見たいな」と思ったが、繁る葉の陰に入ってしまって見ることはできなかった。そのとき左手の栗の木の高いところで動くカケスを見つけた。もう一羽いたのだ。こちらのほうがよく見える。枝のあいだをのぞきこんでいたが、ちょっと枝を移って、笑んでいる毬のなかから実をくわえ出した。

少し太い枝に移ると、両足で栗の実をしっかりと押さえた。くちばしの先で栗の実の頭――というのだろうか、毬にくっついていたほうである――をちょっとつついて皮の端をくわえ、ひと筋皮をむいた。同じようにしてつぎつぎと皮をむき、中身をとり出した。そして足で器用に押さえながら中身をつつき壊して食べてしまった。渋皮をとり除いたようには見えなかった。あのものすごく渋く苦いどんぐりの中身をそのまま食べてしまうぐらいだから、栗の渋皮ぐらい平気なのかもしれない。

　カラスのなかまの鳥は、足で獲物を押さえてつつき壊すことができる。だから大粒の栗の実やどんぐりも食べることができるのだ。カケスはその場で食べることもするが、栗の実やどんぐりがたくさんあると、くわえていって隠す。木の幹の割れ目に押しこんだり、幹や枝にできたくぼみや穴に入れたりしているのも見たことがある。地面の草や小灌木《しょうかんぼく》の根元に差しこんだり、落葉のなかに埋めたりすることもある。軒下に積んである薪のあいだから栗の実が出てきたこともあるが、これもカケスかもしれない。

◎殻の残骸が教える正体

林のなかに入って、下草のなかに落ちている栗の実を探した。今年の三月に切り倒した一本の栗の木の幹の一部が横たわっている。木の葉が繁るまえに片づけられなかったから、そのままになっている。その丸太の近くに、栗の実の皮が細かい破片になって、一か所にまとまっていた。渋皮も細かくなっていた。同じような破片が三か所、四か所と見つかった。

「この食べ方はネズミだな。どんなネズミなのだろう」

食べているところを直接見たわけではないから、ネズミの種類まで断定することはできないのだが。林のなかに棲んでいるのだからアカネズミかヒメネズミだろう、ということぐらいしかわからない。

わたしが拾おうと思っていた栗の実は、カケスとネズミがさきに拾ってしまっていた。いや、ここにはリスもいる。図鑑に載っている名はニホンリス。このリスも栗の実があると、つぎつぎにくわえていって、落葉の下や土のなかに埋めてしまう。だから、ほんとうにたくさん落ちた栗の実も二、三日のうちにほとんど姿を消してしまい、ヒトのわたしが拾えるのはほんのわずかになってしまう。残っているのは虫が食ったのばかりである。

なくなるのは栗ばかりではない。車庫のうしろにあるオニグルミの木から落ちたクルミの実も、いつのまにか消えてしまう。オニグルミはリスの大好物。わたしが食べても、オニグルミのほうがずっとおいしい。栗は栗でおいしいが、オニグルミは油を多く含み、味は格別である。ただし「鬼グルミ」の名のとおり、鬼の歯でも割れない殻がある。ヒトのわたしはこの殻を割るため、石やハンマーという道具を使わなくてはならない。または熱して実の中央に割れ目が入ったところで刃物などを差しこんで、こじって割らなくては、おいしい中身をとり出せない。

ところがである。リスはあの鋭い前歯を殻の合わせ目にみごとに差しこんで、あっというまに殻を真っ二つに割ってしまう。そして割った半分の殻を前足で持って、中身をくわえ出し、おいしそうに食べるのだ。一方で、クルミの実を落葉や土に埋めて隠し、雪が積もってからでも探しだして食べる。

アカネズミもクルミは大好き。でもリスのようには割れない。クルミの実の両側の殻を丸くかじりとって大きな穴を開け、そこから中身を出して食べる。大きな栗の実も、同じように丸い穴を開けて中身を出して食べるのだが、小粒の栗の実はそうしないで食べているのかもしれない。オニグルミの樹の近くには、もののみごとに真っ二つになった殻と、両側に大きな穴の開いた殻がたくさん落ちている。ニホンリスとアカネズミのオニグルミの食べ方は、オニグルミという食物との関係のなかでつくられた本能のひとつだろう。ふたつの動物の種を特長づけているのがおもしろい。オニグルミの殻を見るたびにそう思う。

絵▷P35右：アカネズミが食べたオニグルミと栗、同左：リスが食べたオニグルミ

姿も見えず、声も聞こえない

幻の鳥になるブッポウソウ

ブッポウソウがいたころ

諏訪大社の上社の森でブッポウソウの姿をはじめて見た。その翌年に、父親と諏訪の富士見村にある三光寺という寺までこの鳥を見にいった。寺の境内の大きな杉の高いところにあった枯枝に止まったり飛び立ったりしていた姿を、いまでも思い浮かべることができる。一九五〇年ごろのことである。

信州大学の教育学部に入って、後半の二年間は長野市内の校舎となった。ここで鳥類学者の羽田建三先生と会った。先生のお供をして野山を歩いたり、研究の手伝いで野鳥の身体測定や解剖をしたりもした。また、戸隠神社の中社・奥社の森にいる鳥を観察するための「戸隠探鳥会」もはじめた。夜八時に戸隠中社集合。そこで鳥の説明会を開き、参加したみなさんにどんな鳥がいるかを説明したりもした。いま思うと冷や汗ものである。

夜に鳴く鳥の声も聞いた。ヨタカの声が降るようだったし、アオバヅク、フクロウの声も聞こえた。飛びながら鳴くホトトギスの声、夜の探鳥も豊かな鳥の声で楽しかった。

仮眠をして朝四時から中社、奥社の森へ。五月半ばの芽吹きの季節の森は個々の鳥の声を聞き分けるのが困難なほど、鳥のさえずりに満ちていた。午前八時解散。いま、奥社の森は森林植物園として整備されている。森の奥深くまで木道で入りこめるが、聞ける鳥の声は当時にくらべると、ずいぶんさびしいものになってしまった。訪れる人の数は格段に増えたけれども。

当時、中社の森でブッポウソウの姿を見かけたが、ここ十年ほど、まったく会うことはなくなった。

一九六四年から、教師として子どもに目を向け、教育の研究をしようと、わたしは意図的に鳥から遠ざかった。ふたたび鳥に会いにいくようになったのは一九九〇年代半ばころから。学校の教員であることをやめ、いまの出前教師をはじめてしばらくしてからである。

この三十年ほどのあいだに、鳥たちの様子がずいぶん変わってしまっていた。降るようだった戸隠のヨタカの声は、いままったくなくなった。ブッポウソウの姿もなくなった。諏訪神社の上社の森にも、三光寺の森にもいない。水田のなかの道を夜に歩くと、「オーイ、オーイ」と呼ぶように鳴いていたミゾゴイの声もしなくなったし、「コッコッコココ……」と戸をたたく音のようなヒクイナの声もなくなった。

◎ 本をよすがにブナ林へ

「もうブッポウソウはいなくなったのか。どこへ行ったら会えるのかなあ」

そう思っていたとき、中村浩志『甦れ、ブッポウソウ』(山と渓谷社、二〇〇四年)と出会った。中村浩志はわたしの大学の後輩にあたる。カッコウの托卵《たくらん》の研究で知られている鳥類学者だ。この本を読んで、かつて長野県内の各地で見られたブッポウソウは一九九三年を最後にいなくなったことを知った。富士見村からいまは富士見町になったが、ここの三光寺でも一九七九年を最後に見られなくなったという。諏訪神社の上社の森は一九九三年までで、それ以後はいなくなったとあった。

そうだったのだ。ブッポウソウに出会おうとしたら、もう、特別な場所に行かなくてはならないのだとわかった。その特別な場所が、長野県最北部の栄村。村のなかの千曲川沿いのブナ林に繁殖していると、この本に書かれていた。なんと、栄村にブッポウソウがいることが確認されたのは一九八三年のこと。もちろんそれまでもいたのだろうが、鳥の研究者たちが確認したのがその年だったということなのだ。

本が出たのが二〇〇四年。本に載っている調査の記録は一九八五年から二〇〇二年までのものだった。栄村の六か所の地名があり、その地のブナ林での繁殖が確認されていた。全体で一九八五年は九か所の繁殖だったが、一九九一年の十か所をピークに下がりつづけ、二〇〇二年には四か所だけで、ブッポウソウが繁殖する地域も四か所に減っていた。

「もう、それから七年も過ぎている。まだブッポウソウはいるだろうか」

そんな思いもあったのだが、とにかく行ってみようと森宮野原の駅に降りたったのだ。もう南の地から渡ってきているだろうという五月下旬。二万五千分の一の地形図「信濃森」を手に、本に書かれていた森地区と横倉地区のブナ林に見当をつけ、歩いてみることにした。森地区は森宮野原駅のすぐ北側の斜面にあるブナの樹を主とした林だ。今日はこのあたりを歩いて、近くにある宿泊施設に一泊し、明日は二・五キロメートルほど長野寄りの横倉地区に行ってみようと思っていた。

駅の南側は商店などがある小さな集落があり、国道に出る。国道を少し下ると橋があり、その手前に長野県と新潟県の境がある。谷底を流れる千曲川はそこから信濃川に名を変えるのだ。駅のあたりの標高は三百メートルぐらい。

駅の構内で線路を渡って、林の縁の道に出た。わずかな平らな土地に小さな田んぼがあり、稲が植えられていた。幸いに澄んだ青空で、田の水に映る新緑と青空がきれいだった。土手にはまだニリンソウが咲き残っていた。伸びはじめた草の緑もみずみずしかった。

斜面をゆるやかに登る林道に入った。まだ昼前だ。時間は十分ある。ゆっくりゆっくり歩を進める。杉の木の林からブナの林に入ると、急に明るくなった。林のなかの低いところにわずかに雪が残っていたりする。キョッキョッとアカゲラの声。双眼鏡でその美しい紅と黒の姿を追う。ブナはかなりの大木もある。地面にへばりつくように生えるユキツバキの赤い花、艶のある葉が目立ち、林のなかを彩っていた。

耳は、あのブッポウソウのゲッ、ゲッという声を求めていたが、入ってくるのはシジュウカラのチペチペ声や、イカルのキーコキーというような少々甘ったるいさえずり声だった。でも、新緑のなかを行くのは快い。

しばらくすると、目の前が開けた。斜面に土手を築いて平らな水田にした棚田が広がっていた。田の土手にはフキが伸び、クサボケの真っ赤な花も咲いていた。ふと、その土手の一部にオキナグサの姿を見つけた。

「おお、ひさしぶり。こんなところで会えるとは」

つい声をかけてしまった。陽当たりのよい芝草の生えるような、わりあい乾燥したところに生えるアネモネの仲間。このところ何年か出会っていなかった。すっかり数を減らしてしまった草だ。

見晴らしのよい林の縁の木陰に腰を下ろして、昼食のおにぎりを食べた。ブナ林も見渡せる。もし、ブッポウソウが飛べば、目につくだろう。昼食をとってから、林の周囲の道を探してぐるっと歩いてみた。ブッポウソウの姿も見えず、声も聞こえない。ただ、ブッポウソウのためにブナの樹の幹にとりつけられた大きな巣箱を見た。中村浩志と学生たちがとりつけたものにちがいない。本のなかに写真があったからだ。結局、その日はブッポウソウに会うことはできなかった。

山里と少年

●諏訪の思い出

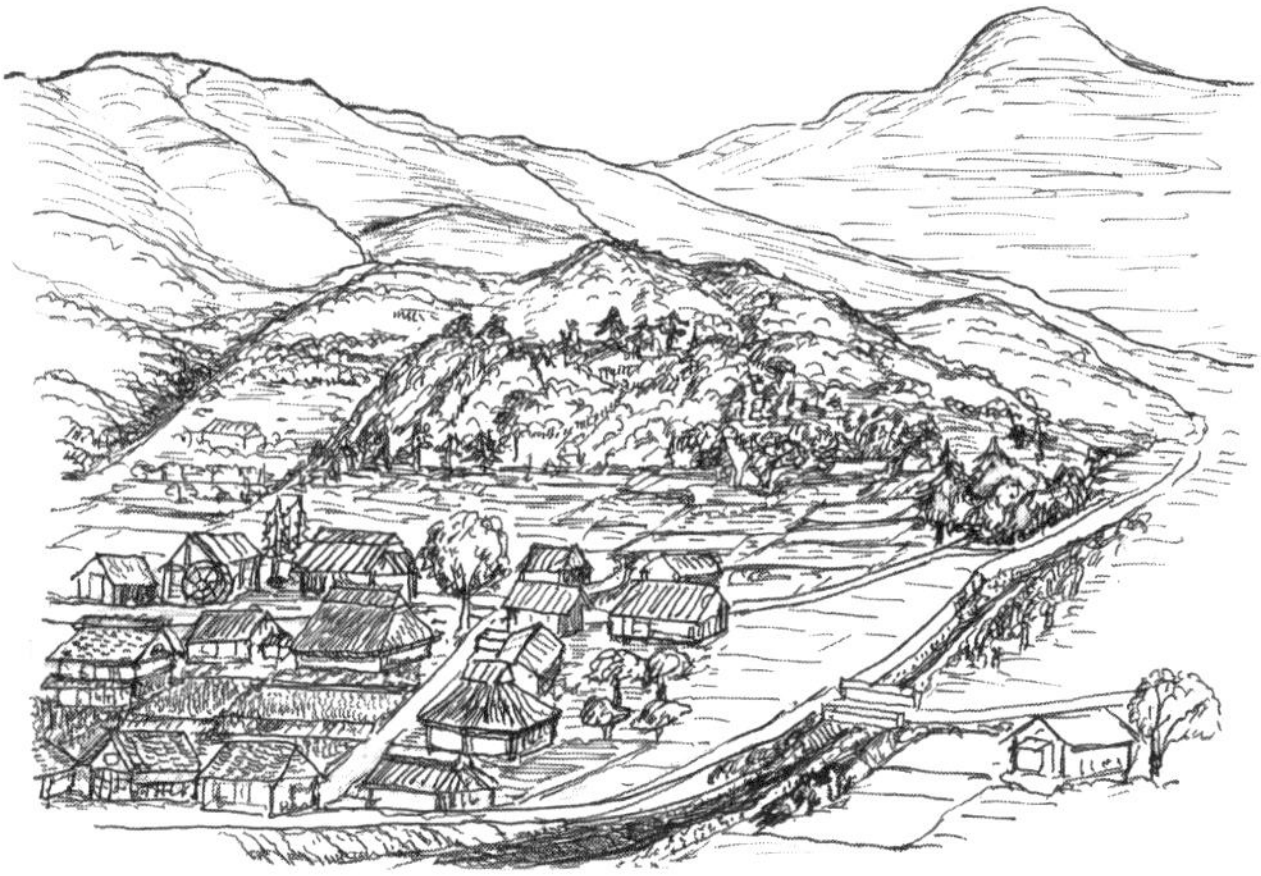

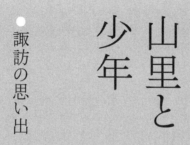

小さな天気

厳寒に咲く春の花たち

ほんとうに花は咲いている

「立春」というと、ひとつの思い出がある。たしか小学校四年のときだった。いや正確にいえば、国民学校四年生だ。担任の青柳先生が、

「今日は立春の日です。これまでとても寒かったけれども、これからは少しずつ暖かくなって、春がやってくるという意味の日です」

というふうな話をしてくれた。わたしの生まれ育った長野県の諏訪地方は、たいへん寒さの厳しいところだった。そのうえ、この当時は寒い年が続いていて、立春といっても、

積もった雪も、顔をのぞかせた地面も、がちがちに凍っていた。ようやく、日向の雪や氷が少しずつ解けはじめるころだった。先生は話を続けた。

「春が来るといっても、このあたりはとても寒いから、花なんかひとつも咲かないよね。暖かい地方に行けば、もう梅の花や水仙の花も咲いていているそうです」

こんな意味のことを、もっと方言の混じったことばで話してくれたと思う。

それを聞いていたとき、わたしは、「そんなことないよ。花は咲いているよ」と思った。

いまでは部屋全体が暖められているから、切花や鉢植えの花が冬でも家のなかにあるが、当時は、暖房といえば掘ごたつだけ。部屋のなかにある花瓶の水さえ凍って、花瓶は割れてしまうから、家のなかに花などなかった。いわんや野外に花はなかった。春一番に咲く花でも、三月終わりごろになってのことだった。田舎の村には花屋もなかった。花は野山から採ってくるものであり、畑の隅に植えてあるのを切ってくるものだった。

だから青柳先生が言うとおりだったのだが、わたしはたしかに花が咲いているという自信をもっていた。

「先生、そんなことないよ。花は咲いてるよ」

気が弱くて他人に自分の意見など言えない子どもだったくせに、はっきりとそう言った。

「ほんとうかい」

「ほんとうです」

「それじゃ、とってきて見せてくれよ」

青柳先生はちょっと疑わしそうな口調でそう言った。

学校から帰ったわたしは、西の山に日が沈みかけるのを見ながら、雪をざくざくと踏んで道を急いでいた。手には小さな空き瓶を持って。家から十分ほど歩いた川原の近くに、乳牛を飼っている家があり、その牛の糞が混じった敷きわらを土手に積んであった。南向きの土手でもあったが、そこだけは敷きわらが発酵する熱で雪が解けていた。そして、ほんのひとかたまり身を寄せあうように緑があり、空色の小さな花が咲いていることを知っていた。まわりとは違う小さな天気がある場所だった。もう日の光はなかったので花は閉じていたが、数個の花をつけていた草を根から採って空き瓶に入れた。

つぎの日、それを先生に見せた。

「おお、ほんとうだ。花が咲いているんだねえ」

先生はみんなにそれを見せ、

「この花、先生にちょっと貸してくれ」と言った。

そのつぎの日、青柳先生は、それがオオイヌノフグリという名の草であることを教えてくれた。そして、それがあった場所が、発酵の熱で暖かいからだろうという説明も加えてくれた。オオイヌノフグリという名はそのとき、しっかりと記憶された。

春先、雪や氷が少し解けだすころ、野や山に行って、テントウムシやチョウなどの虫や草が、小さな天気のなかでさまざまな姿を見せてくれるのを探し歩くのが好きだった。子ども心に春を待ちわびていたのだ。

◎光を集めて咲くフクジュソウ

今年（二〇〇三年）、一月二十八日、庭のフクジュソウが花を開いた。何年かまえ、正月飾りの寄せ植えのなかにあったひと株を地に下ろした。それが殖えてたくさんの花を咲かせる。昨年も最初の花が開いたのは二十八日だった。今年のほうが、ずっと寒いのに。

フクジュソウの花は、日の光が射しこむと花弁を開きはじめる。見ているとそう見えるのだが、『植物の世界』（週刊朝日百科）には、フクジュソウの花は温度によって開くと書いてあった。それはともかくとして、開きはじめた多数の黄色の花弁は、お椀のような放物線状の曲面を内側に形づくりながら開いていく。花弁が形づくるこの放物線状の曲面が、日光を反射して、花の中心にある多数の雄しべ・雌しべのところに集めている。反射光が集まるところは温度が上がる。外気はまだ十度より低いような温度でも、花の中心部の温度は高くなって、花粉が出され、雌しべの活動も活発になって、受粉の準備がなされる。

こんなことが新聞の記事になったことがある。

「そういえばフクジュソウの花弁の内側は光沢があって、光がよく反射するようになっているな」と、感心した。

放物線曲面をつくって開いている花をのぞきこんでみると、たしかに中心部がたいへん明るくなっている。ほんとうに温かくなっているのかなと、指の先を入れてみたが、さすがにそんな大ざっぱなことではわからない。だいいち手で日光が遮られてしまう。小さい部分の温度を測れる温度計を手に入れたいなと思ったが、とりあえず、理科の実験などに使う棒状温度計で測ってみようと思った。

日光が当たっているフクジュソウの近くの気温はちょうど十度。大きめの花の中心部に温度計の赤い液が入った部分を差し入れた。するとどうだろう、赤い液の柱はみるみる上がって十四度で止まった。四、五回くりかえしたが、結果は同じだった。ほんとうに花の中心部の温度は高くなっているのだ。気温がずっと高くなると、花弁はぐっ

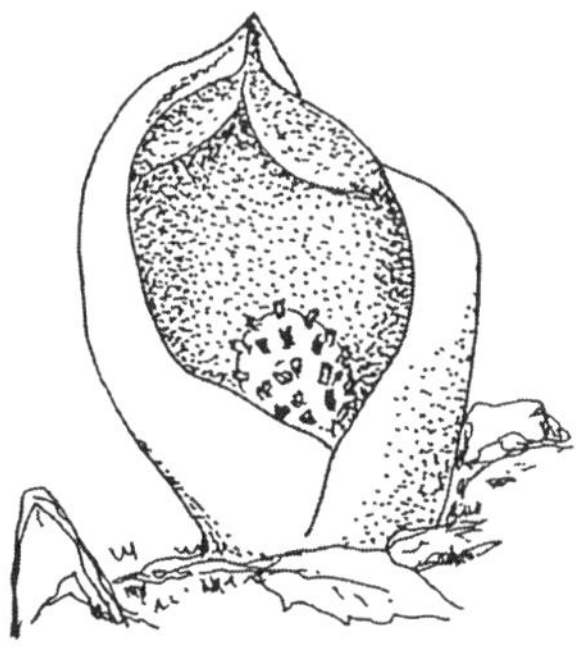

と開いてほとんど平面状になってしまう。きっと焦点ができないようにするのだろう。

まだ雪が残り、しみ出る水は毎朝凍ってしまうようなところに、暗紫色の頭巾のような姿を現すザゼンソウ（座禅草）。その姿が座禅を組む僧に似ているからついた名である。あの有名なミズバショウとごく近い種である。仏炎苞《ぶつえんほう》とよばれる厚い頭巾のような覆いのなかに花が咲く。厚い仏炎苞は強い悪臭を出しながら活発に呼吸をして、苞の内部の温度を上げる。この花のまわりだけ雪や氷が解けていき、受粉のための虫をよぶ。

草たちは天気に従うだけでなく、みずから小さな小さな天気をつくりだして生きているのだ。こういう草や虫はほかにもたくさんいることだろう。調べてみたいと思う。

花の一生を観る

カタクリが咲くまで

お目当てはもうひとつの姿

「やあ、今年もきれいに咲いたね」

芽吹きはじめたハンノキの小枝はまだ陽光を遮るほどではなく、林のなかは明るく光が満ちている。厚く積もった雪の下で数か月を過ごした落葉は、もう弾力をなくし、濡れて地面を柔らかく包んでいた。その柔らかな地面を端正な花びらと、その花を支えるためにすんなりと伸びた茎と、淡い茶色の斑《ふ》が入った広い葉が覆っていた。カタクリの花たちだ。

いつもはその群落の美しさにしばし見とれて、今年もカタクリの花たちに会えた喜びに

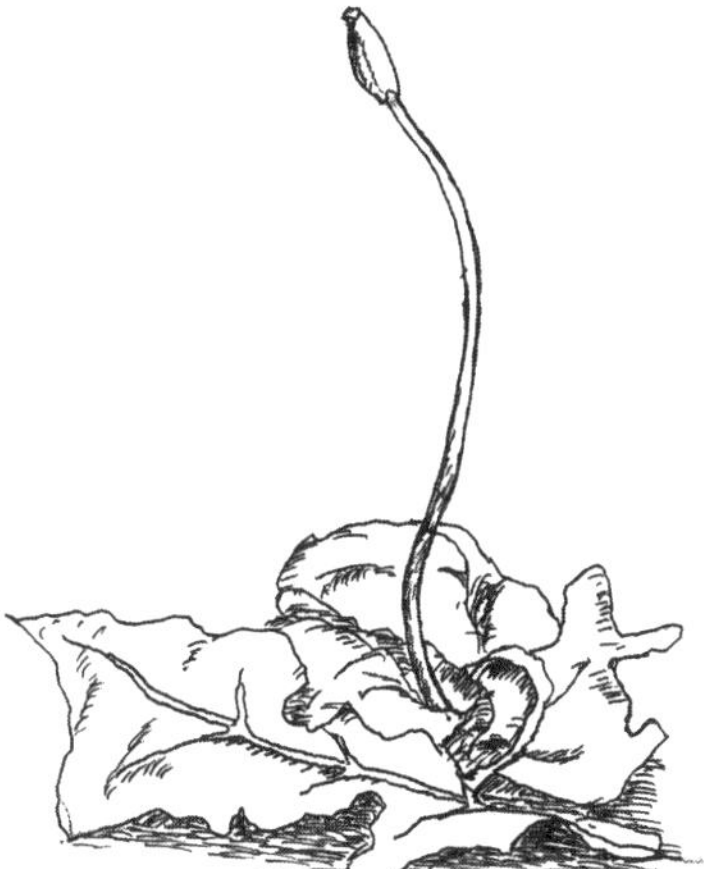

浸る。でも、この年は違っていた。わたしはカタクリの葉で覆われていない場所に視線を走らせていた。

これが二年目ぐらいの葉かなあ、これはもうすこしで二枚の葉になって花を咲かせるのだろうなあ、などと思いながらなおも、あちこちに目を向けていった。

「あった、あった。これが実生《みしょう》だ」

やっと見つけることができたのはカタクリの実生。それは太い木綿糸ほどの緑色の葉。葉とよぶのはふさわしくない。ほんとうに糸のようなものだ。五センチメートルほど地面から伸び上がり、その先には種子の皮をくっつけたままだった。本に載っていた写真の印象よりもさらに心もとない。ひとつ見つけると、つぎつぎ目に入ってきた。とはいっても、そうたくさんあったわけではなく、咲いている花の数にくらべたらわずかなものだった。

こんなふうにカタクリを見るようになったのは、一冊の本との出会いからである。もう二十年ほどもまえのことになるだろうか。『植物の世界』第一号（河野昭一監修、教育社）という本である。一九八八年の刊行になっている。

この本には、ふつうに野山にある草木の生き方の調査・観察の記録が、きれいな植物画や写真とともに載せられていた。日本海側の多雪地帯に多いユキツバキ、山林にあるホソバテンナンショウ、秋の草原を黄色い花で飾るアキノキリンソウなど。そして、カタクリ。

とくにわたしが衝撃を受けたのが、カタクリの記録だった。

◎花の美しさを見ていたころ

わたしがはじめてカタクリの花を見たのは、小学校の五年生になったばかりのこと。春の山菜を探して、あまり行ったことがなかった隣村の山間の畑と林の境目を歩いていた。畑から林に移る土手の片隅にあった花に、不思議な感動を受けていた。反りかえって開いた六片の花びらは赤紫色に輝いている。花の中央に長くつき出た雄しべの先の花粉袋は、えんじ色に目立っていた。

こんなきれいな花があるのだと、ひとり心のときめきを覚えていた。人間が改良し栽培しているものでないことは、生えている場所から見て明らかだった。周囲の落葉や枯草となんの違和感もなく咲いていたからだ。なんという名の花だろうと思ったが、そこに咲いていた数個の花をとって持ち帰る気にはならなかった。

家に帰って、父にその花のことを話した。

「きっとカタクリだろう」と父は言った。でも気になったのだろう、数日後にわたしといっしょにその場所まで行ってたしかめた。やはり、カタクリだった。父はそのあとすぐ、召集令状によって戦地に行くことになった。昭和十九年五月のことだった。

父はフィリピンの戦場から帰ることができた。わたしは中学生になって、鳥を見るようになった。

父と鳥を見に出かけた諏訪神社の上社の森に、カタクリがたくさんあることを知った。たくさんといっても、その後わたしが出会うカタクリの群落にくらべればわずかなものでしかなかったが。

大学の三年生になったとき、鳥類学者の羽田健三氏と鳥を見に長野の戸隠に行った。戸隠の鳥の豊かさには圧倒されたが、それ以上の驚きはカタクリのみごとな群落だった。戸隠神社の中社から奥社へ向かう道にある越水ヶ原という場所は、いまはペンションなどが建てられてすっかり変わってしまっているが、当時はハンノキがまばらに生え、灌木に覆われた湿原のようなところだった。水辺にはミズバショウの花があったが、少し乾いたところは一面のカタクリに彩られていた。なんとも、ことばにならない感動だった。少年のころに胸をときめかせたあの花が、まるで敷きつめたように咲いていた。しばらく息をつめて見ていたのだろうと思う。

生まれ育った諏訪には、カタクリは少ししかなく、わたしにとっては希少な美しい花だった。それが戸隠には地面を埋めるほどあったのだ。

三年後、東京・調布市にある私立の小学校に勤めることになった。一九五九年。当時の調布市やいまわたしが住んでいる府中市など、これが東京なのかと疑いたくなるほどに畑や水田、雑木林がいっぱいの場所だった。電車で多摩川を越えていくと多摩丘陵とよばれる丘陵地帯で、ずっと林が続き、農家と農地が点在していた。なんとその林にはカタクリがいっぱいあった。こでもカタクリはごくふつうの草花だった。いまではもう、ごく一部の保護された場所にしか見られなくなってしまったが。

◎八年後の花

わたしはカタクリの花の美しさを見ていた。それが、あの糸のような実生から、つぎの年にやっと小さい小さい一枚の葉になり、またつぎの年には少し葉を大きくしと、ほんの少しずつ生長していくのだと知って、見方がすっかり変わった。そしてなんと平均して八年ほどで二枚の大きな葉を出し、花を咲かせるのだとも知った。じっさいにカタクリが咲いているところで、糸のような実生や、まるで米粒ほどの葉などを見るにつけ、生きものとしてのカタクリへの畏れに似た感情をもつようになった。

さらにカタクリは球根が分球して殖えるのでなく、種子によってのみ殖えるということも知った。花のあとに小さなピーマンのような実をつける。その実のなかには二十〜三十個ほどのしっかりした種子が入っている。この種子にはアリが好むエライオソームとよばれる物質が付着している。アリは種子を運んでいって、途中でエライオソームだけをかじりとって、種は放置する。みずから動くことのできないカタクリはアリと関係を結ぶことで、種子をばらまいているのだと知った。

じっさいにカタクリの群落で観察してみると、多くの実はネズミに食べられていることがわかった。そして、たしかにアリがつぎつぎに種子を運ぶところを見ることもできた。

同じユリ科の草であるチューリップが、種子から育てると、花が咲くまで五〜六年もかかるということは知っていた。でもチューリップは球根が分球しても殖える。カタクリの球根(鱗茎)は分球しないので、種子でしか殖えない。カタクリの球根を掘りとってきて庭に植えたが、三、四年咲いただけで殖えることなく消えてしまった理由もやっとわかった。

いまのわたしは、カタクリの花がいくつか咲いているところに出会うと、そこに実生や小さな小さな一枚だけの葉を出しているカタクリがあるかを見るようになった。

スガリとの再会

クロスズメバチの巣探し――一

散歩の中断

田んぼのなかの道を歩いていたら、黒と白の毛が入り混じった犬が近づいてきた。あきらかにミックス犬。中型の犬で毛は長かった。首輪はしているが、紐はついていない。飼われてはいるのだろうが、いつも気ままに散歩しているのだろう。わたしにすり寄ってくるのでもなく近づいてきて、少し離れたところにひょこんと座りこんだ。

黄金色に色づいた稲田と、まだ緑の濃い林の樹々、林の縁にはオミナエシの花が咲いていた。ナンテンハギの紫色の花は色鮮やかだった。秋の彼岸も過ぎて、風は涼しく、日射

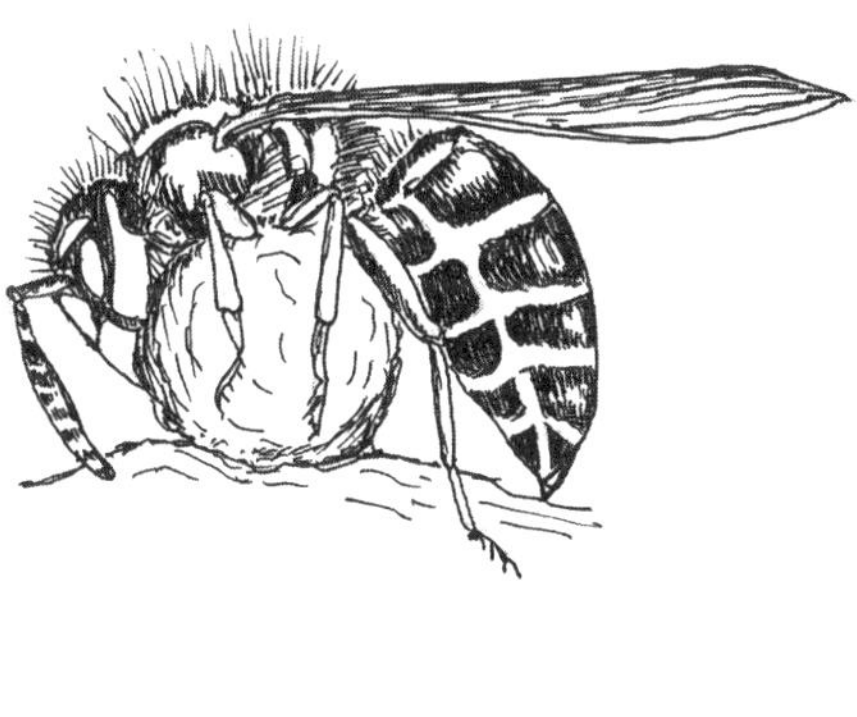

しはすっかりやさしくなっていた。こんな季節、アケビの実を探したり、山道に落ちているシバグリの実を拾ったりしながら歩くのは、何か懐かしく快い。

わたしは犬が近づいたので、ちょっと止めていた足をまた運びはじめた。すると犬も立ち上がって、少し離れたところを歩いてくる。

「おやおや、いっしょに散歩か」と思いながら、ゆっくりと田のなかの道を進んだ。中央本線の線路の下をくぐると、また違う山田の風景が開ける。棚田というには少々なだらかな斜面の田で、面積は広いが土手は高い。田は小さな流れをはさんで二列に続き、両側は林になっている。二列の田も少し先で林に閉じられていて、これぞ山田の風景である。

ＪＲ中央本線、日野春駅から線路沿いに少し甲府方面にもどったところ。山梨県の西北部、八ヶ岳の裾野が尽きるあたりに位置する。春と秋に何回か訪れている。大勢の子どもや大人の人たちとアケビ採り、栗拾いなどにも来ている。

田んぼと林の境目にある道を歩いた。黄金色の田を見下ろす道端の草はよく刈りこまれていて、腰を下ろすのにこのうえもないところだった。犬はくっつくでもなく、それほど離れるわけでもなくいっしょに歩いてきていた。

「おいおい、家に帰れなくなるよ」

そう声をかけたが、知らぬふりをしている。

わたしは刈りこまれた草の上に腰を下ろし、おにぎりでも食べようと思った。田のほうに向き、足を投げ出して腰を下ろした。リュックから茶の入ったポットをとり出していると、犬もまた、わたしの左一・五メートルほどのところに腰を下ろした。

「キャン、キャーン」

突然、犬は悲鳴を上げて跳び上がり、数メートル走って、からだを震わせて何かを振り払った。そして後足のつけ根あたりをなめはじめた。わたしも跳び上がりたいほど驚いた。まったく音のないところへの悲鳴と、犬の動きだったから。そしてつぎの瞬間、

「あっ、これはクロスズメバチだ」と思った。

リュックを置いてゆっくりと立ち上がった。もしクロスズメバチだとすれば、まだ興奮している蜂が飛びまわっているにちがいない。犬の座ったところに目を凝らした。いるいる、二、三匹の蜂が空中に停止飛行をしたりしつつ飛びまわっているのが見えた。

「あの犬、気の毒に。クロスズメバチの巣の入り口に気づかず腰を下ろしてしまったんだ」

足のつけ根をなめている犬の姿を見て、気の毒に思いつつも、なんだかおかしかった。

わたしはそっと土手の下のほうに回り、蜂が飛んでいたところに近づいた。警戒して飛びまわっていた蜂の姿は、もうなかった。手が届きそうなところまで近づいてみると、芝草が覆いかぶさるようになり、上から見てはまったく気づかないようなところの土に小さ

な穴があった。穴といっても長径が三、四センチほどのものだ。その穴の縁にクロスズメバチが顔をこちらに向けている。二、三匹の顔が見えたり隠れたり。門番の蜂たちだ。犬を刺したのはこの蜂たちにちがいない。

見ているあいだに、どこからともなく飛んできた働き蜂が穴に入っていく。穴から出て飛んでいく蜂もある。クロスズメバチの巣がこの穴の向こうの地中にあることは確かだ。わたしはリュックのところにもどった。

「よかった。あそこに腰を下ろさなくて。犬に感謝しなくちゃ」

そう思って犬のほうを見ると、少々元気のない姿で立っていた。ショックだったのだろう。やがてとぼとぼと、来た道をひき返していってしまった。あの犬は、わたしにひどい目にあわされたと思ったのかもしれないなあと思いながら姿を見送った。

「犬もクロスズメバチに刺されれば、あとは腫れるのかなあ」

と思いつつ、子どものころ、額を刺され、顔が真ん丸に腫れあがってしまった自分の姿を思い出していた。

◎スガリと暮らす村

わたしが生まれ育った長野県諏訪地方の人たちは、クロスズメバチを「スガリ」とよんでいた。そして、人びとはスガリの幼虫や蛹《さなぎ》を食料としつつ、一方でスガリ、スガリと大切にし、人によっては愛情をもって接しているようにも感じられた。

わたしが五歳のときに移り住んだ永明村（いまの茅野市）の人たちもそうだった。学校から帰ればいっしょになって遊んでいた遊び友だちの家は、広い屋敷があり、用水から水を引いた池にはたくさんの鯉が飼われていた。鶏や山羊も庭に遊んでいた。

わたしが小学校（当時は国民学校）の高学年ごろのことである。友だちとその家の裏庭に行った。庭の木陰に木の箱が置いてあり、箱には木の板でふたがされ、さらに家の屋根のような形に、板で屋根がつけてあった。箱の上の縁のところには一センチメートルほどの横長のすきまがあった。

「これ、なんだろう」と箱に近づき、すきまをのぞこうとしたとたん、眉の上あたりにズンとするような衝撃を受けた。すでにアシナガバチに刺されたことがあったので、これは蜂だと直感した。友だちが、

「それ、スガリの巣だ、あぶないぞ」

と言ってくれたが、すでに額にはジーンと痛みが広がっていた。すぐ家に帰ってアンモニア水をつけたり、水で冷やしたりしたが、顔はだんだん腫れあがり、目を開けにくくなった。つぎの日は腫れあがった顔のまま学校へ行った。痛みはたいしたことはないが、まぶたま

で腫れていたから、目を開けるのがたいへんだった。

「はあ、蜂に刺されたずら」

会う人はみなそう言う。でもそれ以上の関心を示す人はいない。九月ごろ、蜂に刺されて顔や手を腫れあがらせている人はめずらしくなかったから。

数日して顔の腫れも引いたころ、その友だちの家に行った。自分を刺した蜂がいたその箱の巣をもう一度見たかったからだ。ちょうど友だちのお父さんがいた。

「おめえ、スガリに刺されたずら。巣にあまり近づくと番兵蜂に刺されるぞ。つっついたりゆすったりするとあぶねえ。だがな、何もしなけりゃおっかねえことはねえ」

そのおじさんは、裏庭で三個の箱と、直接に地面のあちこちに五か所、スガリの巣を育てていた。どの巣でもよく見ると蜂が出入りし、巣の入り口には番をする蜂がこちらを向いていた。野山で巣をつくっているスガリをどうやって育てるのか、とても知りたくなった。

尾行する三人

クロスズメバチの巣探し――二

ゴトの肉で一匹の蜂を得る

「浩《ひろし》さ、スガリの巣、採りにいくかえ」

○○さという呼び方は、○○さんというのと同じで、ていねいな呼び方だ。わたしの父が地元の小学校の教員だったから、そんなふうに呼んでくれたんだろう。そのころの父は戦地にいた。

「うん」と喜んで返事をした。スガリの巣を見つけようとする人たちの姿は見かけていたが、やり方をちゃんと教わったことはなかったから。

遊び友だちのお父さんは、小さな魚籠《びく》を腰に、いたってかんたんな支度で「ほい、じゃ行くか」と、家の裏口から田の道に出た。友だちもいっしょだった。

田の稲は穂が出そろい、垂れはじめたころであったと思う。見慣れた風景のなかを山のほうに向かって歩いた。数分歩くと水田が畑に変わる。とはいっても畑になっているところはわずかで、その先は山林。山の斜面はまっすぐ登るにはきつく、山道は斜面を曲がりくねっていた。おじさんは、畑が終わるところで止まった。

「ゴト一匹捕まえて、皮むいてくれや」とわたしに向かって言った。

もう水田には水がないので、用水沿いの草のなかを歩く。驚いて飛び出すゴト（トノサマガエル）を捕まえようというのだ。当時はトノサマガエルはたくさんいた。歩を進めるごとに、ボチャンと用水の流れに飛びこむ。飛びこんだ蛙は水中の草の根などにもぐって身をひそめる。それを捕まえるのだ。

まもなく中ぐらいの大きさのを捕まえた。足を持って頭部を石や木などに打ちつけ、失神させる。そして皮をむく。そのころの子どもたちは、こういうことには慣れていた。かわいそうとか、気持ち悪いとかいう感情はさほどもたなかった。

おじさんは桑畑から二メートルほどもある長い棒をとってきて、その先に皮をむいた蛙を刺した。

「スガリを探そう」

おじさんは棒を持って山のほうに向かった。畑と山林の境のところまで来て、一本のカラマツの木の下に立った。

「カラマツの木にはよくスガリが来てる」と言って枝を見上げた。

「いるいる。あそこ」

指差されたところを見ると、たしかにスガリが枝の先の葉に止まったり、また離れたりしていた。おじさんは棒を持ち上げ、蛙をスガリのところに近づけた。するとスガリはすっと蛙に移り、ちょっと調べるような様子を見せたが、すぐに肉を噛み切りはじめた。棒を動かしても平気だ。夢中になって肉を噛み切っている。棒を水田の近くまで移し、土に差しこんだ。そこでもスガリは夢中で肉を噛み切っている。

やがてスガリはちょうど足で抱えられるくらいの肉を切りとり、くるくると回して点検し、形を整えると、飛び立った。

◎飛ぶ白帆に導かれ

「また、かならずここへ帰ってくるから」

そう言っておじさんは、魚籠のなかから白いふわふわしたものをとり出した。よく見ると真綿だった。蚕の繭《まゆ》から糸をとるのだが、蚕が二匹でつくった繭がときどきある。もちろん、二匹分の絹糸でつくられたわけだから大きい。しかしこの繭は、それぞれが吐き出した絹糸が交叉してしまっているため、糸がとれない。そこで、煮てやわらかくしたあと、手で広げ、四角の木枠にかける。それを数枚重ね、乾燥させたものが真綿だ。当時は個人で絹糸をとる仕事をしている家がいくつかあった。その様子をよく見ていたので、いつのまにか知ったことである。

おじさんは真綿の一部を引きのばし、ちぎった。ちぎった真綿の一方をうすく伸ばし、ちょうど指の先ぐらいの広さにした。一方の端を指先でねじって糸にした。今度は魚籠のなかから小さな糸切り鋏《ばさみ》をとり出した。鋏の先で蛙の肉を小さく切りとった。ちょうど、さきほどのスガリがつくった肉団子と同じくらいの大きさだった。

そのとき、棒の先の蛙の肉にスガリがやってきた。

「おっ、早かったね。巣は近いずら」

おじさんはそう言って、切りとった肉団子に真綿の糸をくるっと巻きつけた。真綿の帆をつけた肉団子を人差し指の先に乗せ、帆は下に垂らした。スガリは熱心に棒の先の肉を食い切っている。食い切った肉は足のあいだに入れている。

おじさんは、そっとスガリのうしろから、指の先の肉をおなかの下に差し入れていった。

足のあいだに帆つきの肉団子を入れてやると、スガリはその団子の上に乗りかえた。スガリはもうおじさんの指の上である。おじさんは一方の手で真綿の帆を持って、スガリが糸に気づきそうになると、位置をずらしていく。スガリは肉団子を足のあいだでくるくる回して、肉が完全に切り離されているかを点検する。そのとき糸に気づかれたら、その糸を噛み切るまでは飛び立たないのだという。

点検の終わったスガリは飛び立った。棒の肉の上を二回、三回と回って飛んだあと、山のほうに向かって飛びはじめた。真綿の帆のおかげで、飛ぶスガリが見える。

「追うぞ」

おじさんが走りはじめた。わたしもあとを追った。よく見えるといっても、真綿の帆は長さ二センチぐらい、幅は一センチ半ぐらいなものである。目を離したら見失ってしまう。スガリは桑畑の上に飛んだ。桑畑のなかは走れない。

「そっちに回れ」

わたしは桑畑と隣の畑のあいだを走った。足元など見ていられないから桑の株につまずいたり、草に足をとられたりしながら走る。スガリは桑畑を抜けて、林の縁を飛んだ。クズのつる

が足にひっかかって走れない。おじさんは、跳ね上がり、かき分け走った。百メートルほど来ただろうか。疲れたのか、スガリが枝の先に止まった。

しばらくして飛び立とうとしたら、帆が葉の根元のところにひっかかってしまった。そのため、スガリは糸に気づいたらしく、なかなか飛び立たない。糸を切っていたのだろう。あきらめて蛙のところにもどった。真綿の帆をつくりかえて待った。スガリはちゃんと戻ってきた。

今度はもうスガリが飛んで行く方向がわかるから、追うのはずっと楽だ。ひとりは、さきほど帆がひっかかってしまったところで待てばいい。予想どおりスガリはそこへやってきた。今度は休まなかった。山林の縁から少し林のなかに入ると、スガリはすうっと高度を下げた。そして、ヤマツツジの株の陰に姿を消した。近づいてみると、ツツジの株の近くのススキの根のところが巣の入り口だった。帆のついた肉団子を運んだスガリは、入り口のところで糸を食い切ろうとしていた。

「こんな近くで見つかるのはめずらしい」

おじさんはそう言ってから、続けた。

「よし、一度けえって、巣を採る用意してこらずよ」

わたしは、スガリの巣を掘り出すところが見られると思い、わくわくしていた。こうやればスガリの巣を見つけることができるのだ。いつか自分で見つけてみよう、と強く思っていた。

収穫の祭り

クロスズメバチの巣探し——三

花火で採る

おじさんは家にもどると、小型の背負い籠を用意し、新聞紙を二、三枚入れた。そのほか、柴伐《き》り用の鎌と小さな鍬《くわ》も籠に入れた。別に「煙幕」とよばれていた煙の出る花火と燐寸《マッチ》を布袋に入れて持った。

「さあ行かず」

友だちとわたしはまた、おじさんのあとについて歩いた。

「あの煙幕の花火、何に使うのだろう」

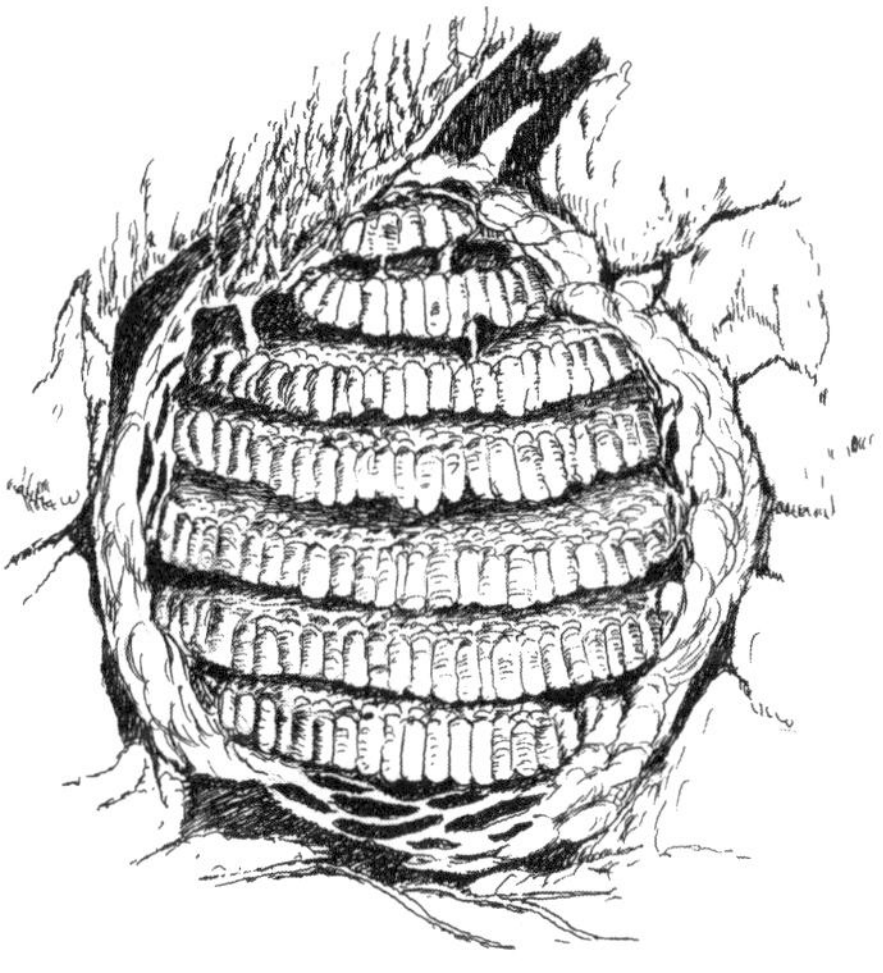

歩きながら、スガリが出入りしていたあの地面の穴のなかから、どんなふうに巣が出てくるのかを想像していた。花火は蜂にたいして使うのだろうという予想はできた。

巣の場所にはすぐ着いた。蜂は土に開いた穴から出入りしていた。穴の入り口には一、二匹の蜂がこちらを向いている。入ってくる蜂をちらっとたしかめているようでもある。

おじさんはそっと、穴の近くのススキやツツジをゆっくりと鎌で刈りとった。入り口の蜂はときどき外に出てきて、羽根を震わせて緊張した様子を見せたが、飛ぶことはなかった。

「へえ、こんなふうに、ゆっくり、そっとやれば蜂は怒らないんだ」

わたしは納得しながら見ていた。

布の袋から燐寸をとり出したおじさんは、新聞紙を少し固めて、それに火をつけた。その火を花火につけると、はげしく煙が吹き出した。おじさんは、いきなり花火の筒を蜂の穴に差しこんだ。穴に深く入れると、筒のまわりに土を寄せる。煙がなるべく外に出ないようにするためだろう。それでも寄せた土くれのあいだや、穴から少し離れたところの地面からも、もやもやとわずかな煙が上がっていた。

巣にもどってきた蜂が二、三、穴の近くに来たが、穴もわからずあたりを飛びまわっている。そういう蜂はわたしたちを刺そうとはしなかった。

「へえ、いいずら（もういいだろう）」

おじさんはそう言うと、穴の周囲の土を小さな鍬《くわ》で掘りはじめた。木の根や草の根は鎌で切りながら掘り下げていく。突然、煙がもやもやっと出てきた。掘り方がていねいになった。蜂の巣のかけらが出てくると、今度は手で土をのけた。壊れものに触れるようにていねいに土をのける。

土中にぽっかりと穴が開いて、白っぽい巣の外被《がいひ》が見えた。そこでおじさんはちょっと手を休め、蜂の様子を見た。動きまわっている蜂はいなかった。巣にもどってきた蜂は何匹か周囲を飛んでいるが、おじさんは気にしていなかった。

蜂の巣は紙のようなものだ。枯木を削りとった木の繊維と口から出した粘液を混ぜたものを、うすく引きのばし、紙状にしたものだからである。紙のように強くはないからちょっと力を入れて触れれば、ぼろぼろと壊れてしまう。おじさんはさらに土を掘って穴を広げた。

「けっこうでけえ」

そう言いながら外被を手でかきとった。なかには幼虫や蛹が入っている巣盤が上下にきれいに並んでいた。巣盤の表面にはいくつかの蜂がのろのろと歩きまわっていたが、人を刺すような力はなかった。

おじさんは地面に新聞紙を敷いた。両手を巣盤の下に差し入れ、盤の両端を支えて手前に引いた。二枚の大きな巣が手のあいだにあった。直径二十センチもありそうだった。一枚は少し小さかった。

巣盤を裏返して新聞紙の上に置いた。規則正しく並んだ巣房の数はどのくらいあるのだろう。中心部はもう空になり、その周辺は幼虫が出した糸で白く覆いがかけられた蛹がびっしりと入っている。周辺部には薄黄色の幼虫が、これまたびっしりと入っていた。縁に近いところの巣房は浅く、何も入っていないところもあった。

土の穴のなかから採り出した巣盤はぜんぶで五枚あった。二枚は直径十センチにもならない大きさだったが、あと三枚は大きかった。巣があった穴をのぞいてみると、花火で少し焦げた外被の砕けたものと、動かなくなっているたくさんの蜂が見えた。蜂は死んでいるのではないらしい。もぞもぞ動いているものもいる。

おじさんは、蜂の巣を新聞紙で包んで背負い籠に入れた。巣があった穴はそのままにして、花火の燃えかすなどをきれいに片づけて立ち上がった。

食べる知恵、絶やさない知恵

おじさんは家の縁側で、籠から出した新聞紙の包みを広げた。そして巣を重なっていた順番に並べた。

「ほれ、見ろや。上のほうにあったのは、からっぽの穴が多いずら、これは働いていた蜂が出たところだよ。下のほうにあったのは蛹や幼虫がいっぱいへえってるら。これは来年巣をつくる蜂だ」

そんな話をしてくれた。

「こうやってぜんぶ採ってしまえば、来年巣をつくる蜂がいなくなってしまうから、おら家《ち》で飼っている巣はひとつだけ採らないでおくだ」

わたしはおじさんが言っていることがほぼ理解できた。たしかに、こうして野の蜂をぜんぶ採って食べてしまったら、クロスズメバチは絶滅してしまうだろう。冬を越してつぎの年に巣をつくる女王蜂を残しておくことを、おじさんたちはちゃんとやっていたのだと、いまになってあらためて思う。

松浦誠『スズメバチはなぜ刺すか』（北海道大学図書刊行会、一九八八年）という本には、クロスズメバチの蜂の子が商品となって市場で取引され、年間の取引量は八トンを超えていると書かれている。おもな市場は長野県と岐阜県にあるというが、最近は、蜂の子の高値に目をつけた採取業者や一般の採集家が九州や北海道にまで脚を伸ばしているという。著者はクロスズメバチの絶滅を心配している。

わたしがはじめて巣の見つけ方、採り方をおじさんに教わったころは、蜂の巣採りは村の人たちの楽しみであった。蜂の子は山村の人びとにとっては大切な蛋白源だった。蜂の子にかぎらず、イナゴや川虫（トビゲラやカワゲラの幼虫）、ゲンゴロウなど、多くの昆虫を食べていた。わたしも食べていた。戦中・戦後の食料のないときだったから、わたしのからだの多くの細胞が、昆虫や蛙の肉の蛋白質でつくられたことは確かである。けれども、それらを絶やさないようにする自然とのつきあい方は、村の人びとのなかにできていたのだ。

「これ、持ってけえれや」

おじさんはそのとき採った蜂の巣のなかで、幼虫や蛹がいっぱいつまった二枚をわたしにくれた。家に帰り、巣房からピンセットで幼虫や蛹をとり出した。小さな鍋半分くらいにもなった。醤油と砂糖で煮つめた蜂の子は、ほんとうにおいしかった。

一年越しの夢

クロスズメバチの巣探し——四

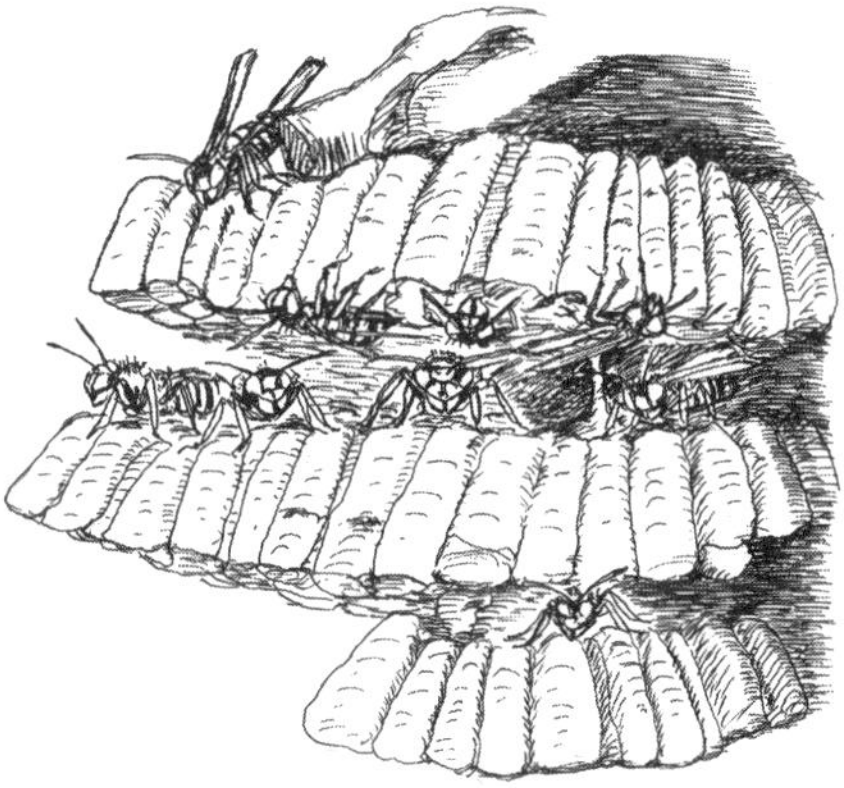

◎セルロイドの歯ブラシを煙幕に

スガリの巣を自分で探し当ててみたい、という思いは強かったが、その年は秋も深まっていたこともあって、来年に思いをつなぐことになった。はっきり覚えていないのだが、九月の半ばか終わりころだったろう。スガリの巣を自分で見つけることを、実行することにした。

蜂を眠らせるための「煙幕」という花火が手に入らなかった。セルロイドでもよいと聞いていたので、それを用意することにした。歯ブラシの柄がセルロイドでできていることは、だれから聞いたのか知っていた。ノートにはさむ下敷きとか、鉛筆箱もセルロイドだった。ためしに歯ブラシの柄に火をつけてみると、「シューッ」と音をたてて炎と煙が出て激しく燃えた。煙はたしかに、煙幕とよんでいた花火の煙に似たにおいがした。

「このにおいで蜂が弱るのかなあ」と思った記憶がある。

話はそれるが、中学生のときだったか、高校生になったころかのことだ。アルミニウム製の鉛筆のキャップのなかに、細かく削ったセルロイドをつめて、ロケットに見立てた遊びをした。セルロイドをつめ、キャップの口をつぶす。完全につぶさず、一部に小さなすきまをつくっておいた。このキャップを教室のストーブの上に置く。当時は薪を燃やすだるまストーブだった。ストーブのふたの上で熱せられ、キャップのなかのセルロイドが急激に気化し、発火する。キャップは小さなすきまから煙を吐きながら高速で飛んだ。まさにロケットだった。考えてみれば、けっこう危険な遊びだった。わたしは自分でつくったロケットが腕のところに飛んできて、火傷をした。もし目などに当たったらたいへんだった。だれかに注意されたのか、自分たちで危険を感じたのか、ストーブの上に乗せて遊ぶのはすぐにやめた。

とにかくセルロイドというプラスチックは火薬のようによく燃えた。あらためて調べてみると、セルロイドは「ニトロセルロース」という原料に「樟脳《しょうのう》」というものを混ぜてつくられたものだとわかった。ニトロセルロースは火薬の原料である。樟脳もそうだ。よく燃えるはずである。

煙幕とよばれていた花火には硝酸カリウムや硝酸アンモニウムが使われている。これは火薬の基本的な原料である。ニトロセルロースにも、硝酸カリウムや硝酸アンモニウムにも、ニトロ基とよばれる窒素の加わった原子団がある。これが燃えるとき、窒素酸化物ができる。一酸化二窒素、酸化窒素、二酸化窒素などの気体である。一酸化二窒素は「笑気」という名でよばれている麻酔薬。今日でもほかの麻酔薬と併用して広く使われているという。この気体が蜂を眠らせたり不活発にさせたりするのだろう。もちろん、当時はそんなことを知るよしもない。セルロイドが燃えるのと、煙幕とよばれていた花火がどうして同じような働きをするのだろう、と不思議には思ったのだが。

いま、こうして思い起こしてみると、村の大人たちはどうして、セルロイドでも同じような作用があるということを知ったのだろうかと、そちらのほうが不思議な思いだ。

◎ひとりきりの狩り

わたしは母親から真綿を少しもらった。古い糸切り鋏も用意した。そして、一年前におじさんが蜂を見つけたカラマツのある場所に行った。田んぼの稲はもう穂を垂れて色づきはじめていたような印象が残っている。トノサマガエルを捕まえ、皮をはいで、長い棒の先に刺した。

カラマツの木の下に来てみると、やはり蜂がいた。棒の先の蛙を近づけると蜂はすぐに蛙の肉に移り、噛み切りはじめた。わたしは蜂を驚かせないよう、そっと移動し、田と畑の境のところまで来て、棒を土に差して立てた。蜂は蛙のもも肉を噛みとって肉団子にし、それを抱えて、蛙の上を一、二回旋回して山のほうへ飛び去った。

糸切り鋏の刃先で蛙のもも肉を切りとり、真綿をうすく広げ、一部を細く引きだし、よりをかけて糸状にした。その部分を肉団子に巻きつけるようにしてつけた。蜂はなかなかもどってこなかった。

「よほど遠いのかなあ、それとも、もう肉団子をつくりには来ないのかなあ」

と少々不安になっていたとき、蜂はもどってきた。そしてすぐに肉を噛み切りはじめた。わたしは左手の人差し指の先に帆つきの肉団子を乗せ、蜂のうしろのほうから腹の下へ差し入れ、肉を噛み切っているあごのところまで持っていった。蜂はうまくわたしの指の上の肉団子に乗り移ってくれた。

真綿の糸に気づかれないよう、帆のようになったところを右手の指で持って、肉団子を回す。蜂は、肉が団子状に丸くなっていて脚で抱えられることをたしかめると、飛び立った。今度は蛙の上を一回旋回しただけで、山のほうに向けて飛んだ。見失わないよう、上ばかりを見て追う。すぐに山の斜面のところに来た。蜂は斜面をまっすぐ上に飛びはじめた。とそのとき、一本の木の葉のところに帆がからんだように見えた。なんと、葉にひっかかった真綿の帆が肉団子からとれてしまった。蜂は斜面を上に向かって飛んでいってしまった。真綿を引きのばした糸と肉団子がうまくからんでいなかったのだろう。

蛙のところにもどり、蜂を待つあいだ、二つ三つと肉団子をつくり、糸をうまくからめるようにやってみた。肉団子に切れ目をつくり、そこに糸を食いこませるようにしてみた。蜂はまたもどってきた。今度もうまく肉団子を抱かせることができた。

蜂は斜面をまっすぐに昇っていく。アカマツの林とコナラなどの雑木の林の境目に、尾根に登る踏みあとほどの山道はジグザグと続くのだが、蜂はおかまいなく飛ぶ。真綿の小さな帆を見失わないよう、目は足元には向けられない。ふだんは息を切らせて登る道なのに不思議に息も切れずに、つまずいたり、転んだりしながら、尾根まで来た。蜂は尾根の向こう側を下りはじめた。松林のなかをぐんぐん下って、もうすぐ山のなかの畑に出ようというところで右に曲がった。

すうっと帆が木の根元に降りた。スゲの葉に隠されるように、蜂の穴があった。巣の位置をしっかり覚えて、家に急いでもどった。

燐寸、セルロイド製の歯ブラシの柄、木の細い根ぐらいは切れる頑丈な鎌、小さなシャベル、新聞紙などを背負い籠に入れて、蜂を追った道をたどった。今度は息が切れた。

巣の周囲の枯葉などを除いて、歯ブラシの柄に火をつけた。激しく燃えだしたのを穴に差し入れた。一本では不安だったので、もう一本入れた。土を掘り、根を切って採り出した巣は五枚だった。ずっしりと重く、幼虫や蛹が入っていた。蜂たちはほとんど巣穴の底に死んだように落ちていた。脚や触角が動いているものもいた。わたしはそのたくさんの蜂を目にして、うまくことばにならない気持ちになった。

家に帰って蜂の幼虫や蛹をとり出し、おいしく食べた。その後、クロスズメバチの巣を採ることはしなかった。

シロに分け入る

心躍るキノコ採り

戦争とキノコ

キノコのことになると、少年の日々に蓄えられた思い出のつまった引き出しが開く。そのキノコの形、キノコが生えていた周囲の様子、そして土の香りまで、鮮やかにイメージが浮かびあがってくる。そのころのわたしは、キノコを探し、採ることがよほど好きだったのだろう。

何がキノコ探しやキノコ採りを好きにさせたのだろう。わたしの少年のころといえば一九四〇〜五〇年ごろになる。その十年は、戦争から敗戦、戦後の時期。育ち盛りでは

あったが、食べるものがない時代で、とくに一九四五年（当時十一歳）の敗戦からの数年は、いつもいつも「お腹がすいて」いた。満足に食べられることはなかった。栄養失調で足はむくみ、指で押すとはっきりへこみができた。わたしは旧制中学校の最後の入学生だった。すいたお腹で、片道七キロほどの道を毎日歩いて通った。さすがに背丈がほとんど伸びず、ようやく伸びだしたのは、なんとか食べるものが出まわってきた一九五〇年ごろ。

そんな状態だったが、七月ごろから十月ごろまでキノコ採りには出かけた。一九四五年十一月に、フィリピンの戦場で敗戦を迎え、アメリカ軍の捕虜になっていた父が帰ってきた。からだを悪くして一年ほど休職していた父も、野山を歩けるようになり、ときどきいっしょに出かけた。

食べるものがなかったから、キノコは食料としても価値はあったけれども、わたしは食べる魅力だけでキノコ採りに行ったのではなかったようだ。たとえば、ショウゲンジというキノコを見つけることがうれしかった。若葉の季節が過ぎ、梅雨も終わるころになると、夏茸《なつぎのこ》とよばれるキノコが出る。チチタケやアンズタケ、ヤマドリタケなど。ヤマドリタケは大きなキノコだ。マスクメロンのようなひび割れ模様の黄色がかった橙色の傘は、開けば直径二十センチ以上になるものもある。ぼってりと肉厚のキノコを見つけると、その姿に心は躍った。食べられるが料理は面倒だった。キノコをたくさん採っていっても、母はそう喜ばなかった。ご飯のかわりになるわけでもなかったからだろう。

◎落葉の道のめぐりあい

秋の彼岸のころになると、心はさらに野山に向かう。アケビの実は口を開け、山の栗の実もとげとげの毬を開いて艶やかな実を落とす。樹々の葉が色づき、ヤマザクラはさまざまな色に彩られた葉を地面に散りばめはじめる。ヤマザクラの葉が散るところには、ムラサキシメジがいっせいに顔を出す。この落葉のなかで菌糸を殖やすのだ。

菌糸がたくさん殖えているところでは、肉眼でも白い糸のような菌糸を見ることができる。キノコの本体はこの菌糸。菌糸はみずからが出す酵素で落葉を分解し、栄養としてと

り入れ、殖えていく。

この菌糸の集団を、キノコの学問の世界では菌糸層とか菌糸のコロニーとよんでいる。そして、野外で菌糸の集団があるところをシロとよんでいる。おそらく、むかしから人びとが、キノコがまとまって出るところをシロとよんでいたのを、学術用語として採り入れたものだろう。わたしが子どものころ、大人たちはシロとよんでいた。

「今日はさあ、クロシメジ（シモフリシメジ）のでっけえシロ見つけてさあ」などと言って、腰に重く垂れた魚籠のなかを見せてくれた。シロはたぶん「代」であろう。代は田や、田にするために開墾した土地を示すことばでもあるようだ。キノコが作物がまとまって実るように出るから「代」とよんだにちがいない。わたしは子どものころには「城」のシロかと勝手に想像していたが、辞書を見ても「城」にはそれらしき意味は書かれていなかった。

ムラサキシメジも、見つけたときうれしいキノコのひとつ。理由はなんといってもその色にある。色づいて散った落葉のなかに目立つ紫色。傘がほぼ平らに開いたキノコは淡い紫色だが、傘がまだ開かないキノコは鮮やかな紫色が美しい。その色に心が動く。

わたしが少年の日を過ごした家から、田のなかの道を五分も歩けば山に入ることができた。アカマツが多く、コナラ、ヤマザクラ、クヌギ、ケヤキなどが混じる樹々が林をつくっていた。風化が進んで表面がざらざらと崩れ落ちる花崗岩のような岩の山だった。風化してできた砂と、火山灰が積もってできた赤土の混じった地面だったように思う。その山に隣接する一畝《せ》（三十坪）ほどの畑を借りていろいろな野菜をつくっていたが、長芋や牛蒡《ごぼう》をつくって土を深く掘っても、風化砂と赤土が混じっていたように思う。

このような地質の山にはアカマツがよく育っていた。曲がりくねった太い根が岩を抱えるように出ているところもあった。その根元にはヤマツツジの株もあり、五月には赤い花をいっぱいに咲かせた。ネズミサシという針のように尖った葉をつけた背の低い樹もあった。図鑑に載る名はネズ。ヒノキのなかまの樹で、その実はヒノキの香りが強くした。つまんで口に入れるとほんのり甘かった。利尿剤として使われる杜松子《としょうし》とよばれる実であることは、当時は知らなかった。

借りていた畑のすぐそばから斜面になり、山地になる。その山地をずっと行けば霧ヶ峰につながっていることは、ずっとあとになって知った。最初の斜面を少し登ったあたりは入会地《いりあいち》になっていて、わたしたちのような余所者《よそ》でも焚きつけ用の松葉を集めたり、落ちている枯枝を拾ったりすることができる林だった。初冬のころ敷きつめたように落ちる松葉を熊手で集め、下生えの木を刈り、それを使って束ね、背負って家まで運んだ。これは子どもの仕事だった。だから、林のなかは庭園のようにきれいだった。この林にはキノコもよく出た。ツツジの株やほかの樹々の株の株のところなどに。

六年生のときだったと思う。ひとりでこの入会地に行った。十月初めごろだったろう。入会林と私有林の境にある道を歩いていた。何かキノコがないか目をあちこち向けながら。腰の魚籠のなかにはさきほど採った遅出のハナイグチが数本入っていた。ふと、左側のゆるい斜面の、アカマツの根が横に這う下のところに目が止まった。落葉が少し盛り上がっていて、それはキノコの傘が持ち上げているように見えたからだ。一、二歩登って落葉をのけると、丸い形のいい傘が見えた。

「えっ、これはマツタケじゃないか」

わたしは注意深くキノコの軸の下に指を入れて抜いた。ほわっとマツタケの香りがした。マツタケは他人が採ったのを何度か見ていたが、自分で採るのははじめてだった。近くにもう二本あった。生えていたところを少し掘ってみた。すると白っぽいぱさぱさした土が出てきて、マツタケの香りが強くした。興味が湧いてもう少しまわりを掘ってみた。マツの細い根にびっしりと白灰色のものがついていて、これもマツタケの香りがした。土をもとにもどして家に帰り、母に見せた。母はマツタケを割いて焼き、大根おろしと醤油で食べさせてくれた。おいしいと思った。

子どもにも採れたマツタケは、いまはどこへ行ってしまったのだろう。

天を観る、地を観る

光と結晶

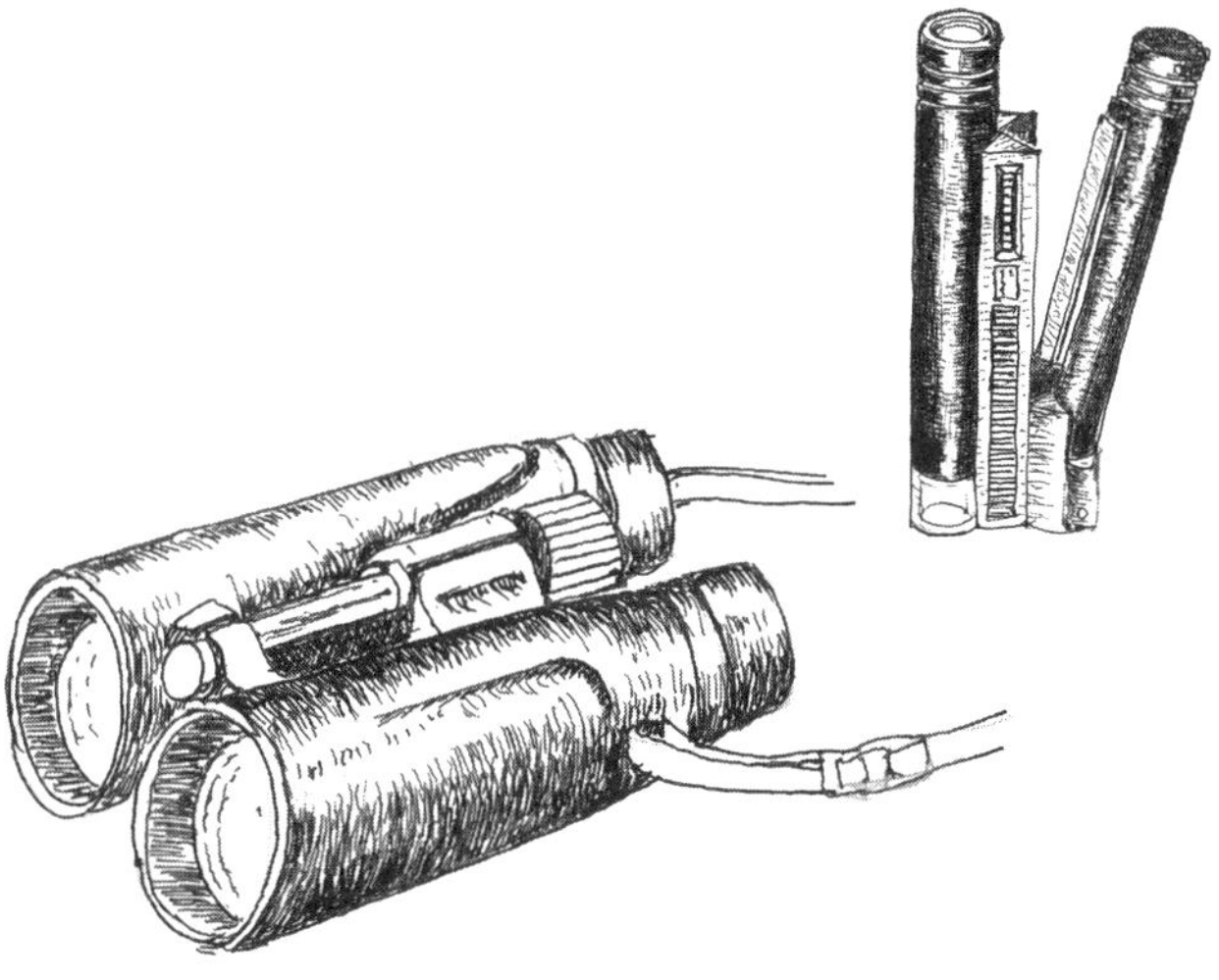

光のなかに立ちつくして

雨のち虹、雪のち虹

空いっぱいにかかる二重の弧

「今日も雨が降るのかなあ」

布団のなかで、うつらうつらしながら思っていた。夜半に屋根からの雨垂れの音がしていたし、部屋のすぐ下を流れる水の音も大きかった。

朝六時に聞こえる遠い寺の鐘の音も、半分夢のなかで聞いた。七時になると、村のあち

こちに立つ柱のスピーカーから「野ばら」の曲が流される。この静かな戸隠に、まったく理不尽にも朝・昼・夕と名曲の一部が毎日流されるのだ。鳥の声も流れの音も圧倒的に打ち消して。聞くたびに不機嫌になりながらも、その曲を流すことを決めた村のなかにときどき身を置く。この戸隠村も、いまでは長野市の一部になってしまった。

「ま、いくらなんでも起きようかな」と布団を抜け出して、着替えをした。そのとき、東側の障子がぱあっと明るくなった。障子戸を開けるとガラス戸の向こうに、わずかに色づきはじめた樹々が濡れた葉を輝かせていた。東の空には灰色の雲のかたまりが、ところどころ青い空を見せてつながっている。太陽は雲のすきまにあった。

西側の小窓に目をやると、西の空は暗かった。そのとき、サアーッと音を立てて雨粒が、白く光りながら庭一面に降り注いだ。

「おっ、これは虹が出るぞ」

わたしは急いで長靴を履き、玄関のドアを開け、外に飛び出した。玄関のところは西側に高い木があって、西の空が見えない。走って南側の庭に出た。

「わあ、きれいだあ」

思わず声に出し、さらに小さな谷川を渡って西の田んぼに出た。

西の空は厚い雲に覆われ、暗かった。虹は空いっぱいに大きくかかって輝いていた。下に濃い色の虹、上にうすい色の虹。上の虹は下側が赤い。下の虹は上側が赤い。鮮やかな色の虹だ。そして完全な弧を描いていた。

あわてて部屋にもどりカメラをとってきて、何回かシャッターボタンを押した。十月八日、日本海の低気圧が太平洋に出て、その低気圧に向かって北風が吹きこみ、日本海側の山沿いは時雨模様の天気になったのだ。サアーッと降ってはやみ、陽が射すのをくりかえす天気。虹はなかなか消えなかった。高くかかっていた虹はだんだん低くなってきたが、まだ鮮やかな色の弧を樹々の上にかけていた。

太陽の光が無数の水滴で屈折し、虹の色が現れるのだという知識はあっても、虹を見るたびに不思議な感動を覚える。

◎虹が生まれる場所へ

虹といえば鮮やかに甦る思い出がある。

何歳のときのことだったか正確には覚えていない。たぶん小学校の高学年ごろだったろう。当時は長野県の諏訪地方、現在の茅野市に住んでいた。季節は七月ごろだったはず。草木の緑が虹の色とともに目に浮かぶし、田の稲も水面を見せないほど緑に伸びていたから。

朝からにわか雨が降る天気だった。二階の窓から西の空を見たときだった。東の八ヶ岳のほうから陽光が射した。西の空は雨雲で暗かった。みるみる目の前に虹が現れた。西の雲が暗かったため、虹の色はみごとに鮮やかだった。

見ると虹の弧の左端のところは、わたしがよく遊びにいく川原の淵のあたりから輝きながら湧き出ているように見えた。

川原から虹が生まれている——わたしはそう思った。虹が生まれているように見えるところまでは、いつも走って行っている距離だ。

「虹が生まれるところが見られるぞ」

わたしは履きものを履くのももどかしく、走りだした。川原が見えるところまでは家々のあいだを通らなければならない。虹が消えてしまうのではと、気が気ではなかった。家のあいだを抜け、川原に出た。虹はまだくっきりと出ていた。

「あれ、虹が向こうへ行っちゃった」

虹は、わたしが虹が生まれていると思った淵のところよりずっと先のほうにあったのだ。川原沿いの道を走れば走るほど、虹は先のほうに行ってしまう。そして二キロほど先の橋のあたりで消えてしまった。そのときから、虹は地面や川から生まれているのではないのだなと思うようになった。

このときのことを思い出すと、古代中国の人が虹を生きものと考え、あるいは生きもののしわざと考えて、「虹」という漢字をつくりだしたのがわかるような気がする。蛇や蛙と同じような生きものの仲間に入れていたのだ。しかも漢字では虹《コウ》と霓《ゲイ》というふたつの文字があって、虹は雄のにじ、霓は雌のにじを表す。虹は下側にある色の濃いにじで、霓は上側にある色のうすいにじを指している。もちろん、にじは生きものではない。でも、にじが二重に現れることを観察していて、それぞれに別の字を当てたのはおもしろいなあと思う。

◎雪解けの光の饗宴

あまりの美しさに、しばらく身動きができないほどだったことがある。

たしか四月の初めだった。戸隠の野山に積もっていた厚い雪もおおかた消えて、田の土手にはほんのわずかな緑も見えはじめていた。樹々の枝も艶を増し、硬かった冬芽もふくらみが見えていた。

西から近づいていた低気圧が本州の南岸沿いに進んだ。前夜から厚くなった雲は明け方からちらちらと雪を落としはじめた。風はなく、ちらちらと降る雪は細い樹の枝一本一本の上にくっついていく。地面もいつのまにか白くなっていった。春の低気圧のもたらす雪は、真冬の冬型の気圧配置によって降る雪と違っていて、湿った雪だ。雪の結晶のまわりに液体の水がくっついているにちがいない。こういう雪は結晶どうしがくっつきあって、細い枝の上や、杉や松の細い葉の上に積もるのだ。

地面も枯草も樹々も雪化粧させて降りやんだ。これはこれで美しい風景だった。やがて雲はちぎれはじめ、山々の峰を隠していた雲も消えはじめた。そのとき、東の空の雲のあいだから陽が射してきた。春分を過ぎた陽の光はまたたくまに雪を解かしてしまった。解けた雪はみんな小さな滴《しずく》となって、あらゆる枝に、あらゆる葉についていた。まったく風がない。何千何万という滴が、樹々にも、電線にもついていた。

そのときふたたび陽の光が射した。なんと何千何万という滴がいっせいに、青、黄、赤などに輝きだしたのだ。ある高さの滴は赤い光を、その続きの滴は黄色の光を、その下の滴は青い光を出して、きらきらときらめいている。わたしはその光のなかに立ちつくしていた。よく見ると、光が出ているのは滴の下のほうからだ。滴全体から出ているのではなかった。わたしは太陽を背にして立っていた。きらきら輝く滴はわたしの前のほうにあった。このみごとな光の饗宴は数分間続いただろうか。立ちすくんでいたわたしの頬に風が当たったとき、輝いていた滴がはらはらと散って、饗宴は終わった。

あの滴がもっともっと小さい粒で、数多くあったら、そこには虹が生まれていたのだろうと、いまにして思う。

天体のパレード

惑星と月が並ぶとき――一

3月27日　3月26日　3月25日

西の空に浮かぶ直線

午後七時ごろ電車を降りた。つい先ごろまでは午後七時といえばもう暗かったのに、春分を過ぎたこの日、西の空にはまだ少し光が残っていた。電車の駅から家までは五分もからない道。日曜日のためか人影もない。弱い冬型の気圧配置になって、日本海側の地方は雪が降っている。でも、わたしが歩いている道の上に広がる空に雲はなく、北風が吹いているため空気も澄んでいた。道を左に折れると、ほぼ真南に向かってゆるい下り坂。急に空が広くなって、シリウスの青白い光のまたたきが目に入った。目を上に移すと、オリオン座の星たちが、少し西に傾いてまたたいていた。歩く道の西側はわたしの背丈ほどの土手になり、そこは畑だ。西の空がぱっと開けた。

「おお、明るい。金星だ」

思わずひとり言。これが星かと思うほど大きな光だった。シリウスにくらべればずっと金色がかった光が、垂れ落ちるかのようだった。もう一月ごろから宵の明星になっている金星だが、ますます明るくなってきた。

「……と、木星は金星より下になってしまっているのかな」

と思いながら、わが家の道から玄関に行く石段を昇った。

「すごい。きれいだ」

石段の上に達すると、西の空がはるか向こうの丹沢山系や富士山のほうまで広がる。その西の空に大きく光る金星、その下に少し小さい木星、そしてその下に細い細い月が。みごとに一直線に、ほぼ等間隔に並んでいた。太陽が沈んだ山稜のあたりにはわずかな光が残り、そこから少し上に月、そして木星、そして金星。木星と金星の位置はいつのまにか入れ替わっていた。一月、二月の木星は、夕方には頭上に見えていた。そのとき金星はもう西の山に沈みそうなところに見えていたのに。

この日は三月二十五日（二〇一二年）だ。手元に太陰暦のカレンダーがある。「月と太陽の暦制作室」というところで発行しているカレンダー。プレゼントしてくださる人がいて、ときどき見ては楽しんでいる。月の満ち欠けをもとにしたこの太陰暦でいくと、三月二十五日は弥生の四日になる。金星・木星・月と並んだ、いちばん下（西）にある月は四日月ということだ。けれども、光って見えるのは下側のほんの細い部分だけ。太陽の光が当たって輝いているところは、まだまだ太めの紐ぐらいにしか見えない。そして、太陽の光が当たっていないところはうす暗く見えていた。

もし、いま、月の上の夜と昼の境あたりに立っていると、大きな地球が昇るところだろう。満月ならぬ満地球に近い地球がぬっと昇ってくる。地球から見る月より直径が四倍も大きいはずだから、ずいぶん明るいだろう。月での満地球の夜はとても明るいから、かぐや姫たちは満地球の夜を楽しんでいるのだろうか。でも待てよ、月は地球のように二十四時間で一回転しているのではないから、一か月に一回だけ地球の出と入りがあるということになる。とすれば、毎日形の違う地球を見て楽しむなんていうことはないのだ。細い細い月を見て、そんなことを想像してしまった。

「ところで明日は、あの月がちょうど金星と木星のあいだに入るのだろうな」と思った。

◎惑星のあいだを縫う月

三月二十六日。この日も夕方の空は晴れていた。太陽が西の山に沈んでから、近所を少し歩いてくることにした。近くの線路の上にかかる陸橋から見ると、わが家の石段の上から見るより、さらに広く空を見渡せるからだ。陸橋にさしかかるまえに西の空が見渡せた。

「おお、すごい」

暗くなりはじめた西の空には、ほんとうに光が垂れそうに輝く金星をいちばん上に、月、木星と縦に並んでみごとだった。予想どおり昨夕はいちばん下にあった月が金星と木星のあいだにあった。ふたつの惑星のあいだに月という衛星が入りこんで、三つの星が西の空を飾っていた。

陸橋の上で立ちどまって見ていると、通りがかりの人がわたしの目線を追い、

「ほう、きれいですね」

と言って、しばらくいっしょに見ていた。

「あの明るい星はなんという星ですか」

「あれは地球の太陽側の隣の星、金星です。いま地球に近いところにあるので、あんなに明るいのです」

「ああ、あれが金星ですか。下のほうの少し小さく見えるのはなんですか」

「あれは、太陽から見ると地球より遠いところにある木星です」

「そうですか。金星と木星のあいだに月が入って見えるんですね。こんなのはじめて見ました。家に帰って妻と子どもに見せます。ありがとうございました」

その人は足早に橋を下っていった。

ポケットに入れてきた携帯電話が振動した。開けてみると、科学の授業をしているサークルのひとりからのメールだった。

「先生、いま西の空がきれいです。金星と月と木星が絶妙な間隔で並んで、みごとな天体ショーです」

わたしは返信した。

「わたしもいま見ています。何か神秘的な美しさですね。明日は真ん中の月が金星の上にくるでしょう」


三月二十七日。この季節にはめずらしく晴れの日が続く。春分を過ぎても冬型の気圧配置になっているからだ。だからあまり暖かくならない。このぶんだと桜が咲くのは四月に入ってからだろう。

「はたして月は金星の上にくるだろうか」

もちろん、確信あっての昨夜のメールの返信だったが、不安もちょっぴり。

幸いこの日は出かける用事もなかった。日暮れを待って玄関を出た。石段の上に立つと、西の空には三つの大きな光が並んでいた。上から月・金星・木星。やはり月はいちばん上にあった。三晩続けての天体が織りなす美しさを味わった。

金星や木星がこんなに明るく見えるということは、地球との距離が近くなっているということ。もしかしたら、わたしが鳥の観察用に使っている双眼鏡やフィールドスコープでも形が見えるかもしれないと思った。双眼鏡は倍率がほぼ十倍。スコープのほうは二十倍から三十倍くらい。

双眼鏡で月を見たことはある。肉眼で見るのとはずいぶん異なる。クレーターなどが鮮明に見えて、月のイメージが変わった。金星を見ると、なんと金星は三日月のような形に見える。それなのにあんなに明るいというのが不思議だ。木星は小さいがちゃんと丸い形が見える。ガリレオは望遠鏡で月や木星を見て、地球が宇宙の中心でないことを確信したそうだ。

それにしても、金星・月・木星はどうしてきれいに一列に並んで見えるのだろう。

金星のマジック

惑星と月が並ぶとき——二

いつも見ていた明星

ザッ、ザッ、ザッ——。左手でつかんだ稲のひと株を右手の鎌でいっきに切る。つぎの瞬間には左手は右に並んだ株をつかみ、鎌はその根元を切っている。少年の手では三株ほどでいっぱいになってしまう。握りきれない稲は鎌で押さえながら、うしろにそろえて置いていく。欲ばって稲の株の六列を受けもち、

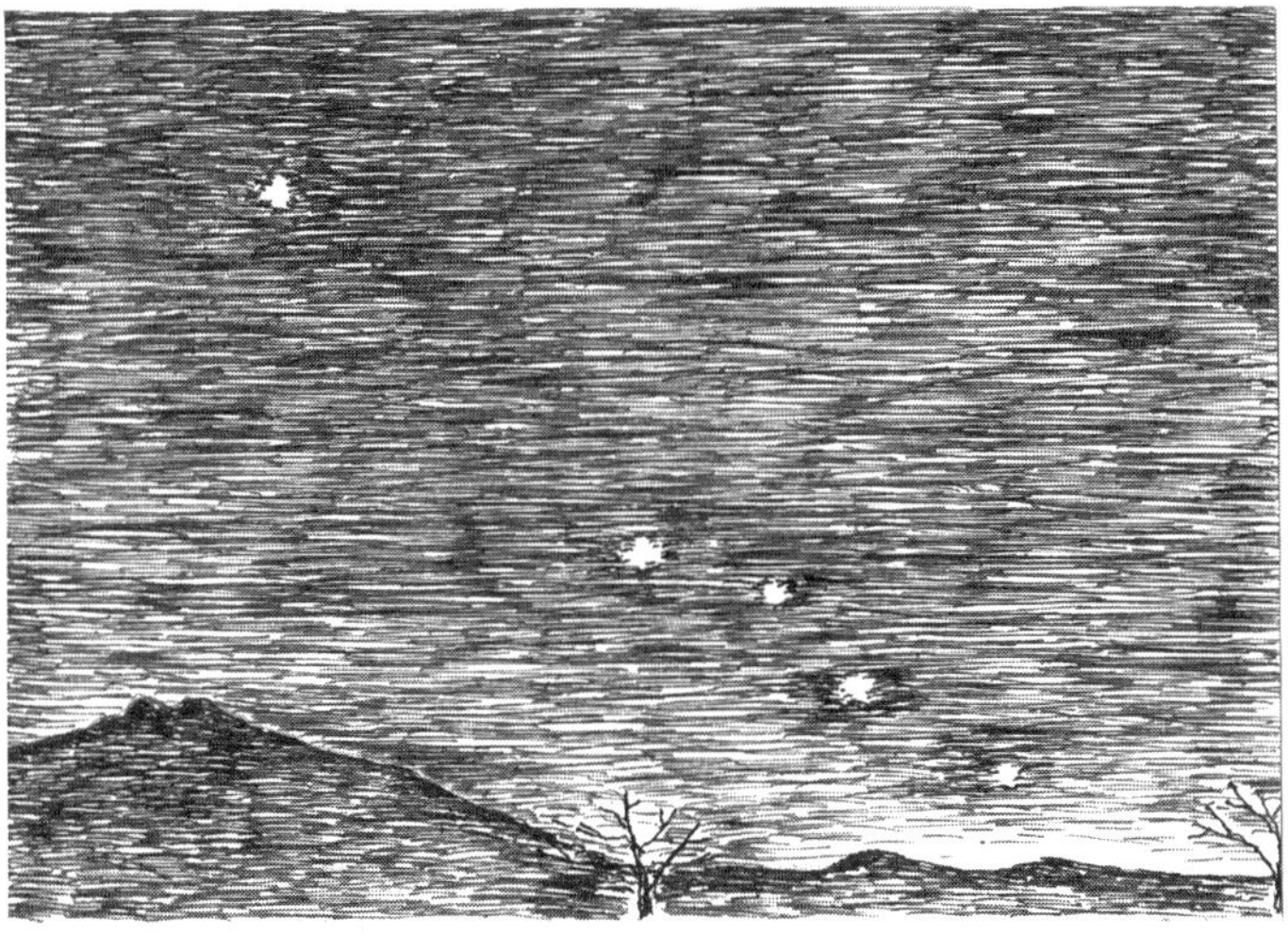

刈りすすんでいった記憶がある。

国民学校六年生のころから中学校三年生ごろまでは、近所の農家の田植えや稲刈りを手伝った。とくに稲刈りはほとんど一人前の仕事ができたと思う。のこぎりのような歯がついた稲刈り用の鎌の扱いにも慣れ、いい速さで調子よく稲の株を切っていくのは快かった。

そのころは田植えが遅かったので稲刈りも現在よりは遅く、十月に入ってからだった。秋晴れの日、とにかく天気のいいうちに刈り終えようと、西の山に日が沈んでも手を休めなかった。夕焼けの空を、いつものように東に向けてカラスの群れが急いでいった。手元がうす暗くなり、西の山々が残照を背に暗く沈み、宵の明星の輝きが増すころ、やっと稲を刈る手を休めた。前こごみの姿勢が続くから、腰が固くなる。その腰を伸ばしながら、残照のなかに輝く星をいつも、きれいだなあと思いながら見た。

その明るい大きな星は、稲刈りのころ、西の山の太陽が沈んだあたりの上にいつも輝いていた記憶がある。印象が強かったからだろう。その星が「金星」とよばれる星であることは知らなかった。草花の名や虫、蛙の名を言う人はいたが、わたしの父を含めて星の名を言う人がいなかったような気がする。もし、そのとき、

「あの星は地球のように太陽のまわりを回っている星のひとつで、金星という名だよ」

と言う人がいたら、わたしはきっとそのとき名を覚えただろうと思う。

いまでも、日が沈んだばかりの西の空に輝く金星の姿を見ると、あの稲刈りの夕方の西の空の星が鮮明に思い起こされる。

小学生のとき、星にわずかであっても関心をもつきっかけになったのは、国語の教科書だった。『小学校国語読本（尋常科用）』に載っていた文である。国語読本の九巻が五年生前期用、十巻が五年生後期用となっている。その九巻に「星の話」という読みものがあった。夜空のなかから北極星を見つける方法が書かれていた。

北斗七星という名と、北斗七星が大熊座と名づけられた星の列の一部の星の名であることも知った。「星の話」の文のなかでは「星座」ということばは使われていなかったのだなあと、いま読みかえしてみて気がついた。

カシオペア座という名もそのとき覚えた。北斗七星とカシオペア座を探し出して、その星たちの位置から北極星を探し出すことがじっさいにできるようになったのは、いつごろだろうか。かなりあとになってのことだと思う。

大戦中から戦後十年くらいのあいだは、夜の電燈の明かりはほとんどなく、夜になると暗闇になった。だから晴れた日の夜は降るような星空だった。刺すように冷たい風のなかの冬の空。三つ星とよばれていたオリオン座の星、スバル座のきらめく星の集まりは、そのころでもすぐに見つけることができた。

夏の空はにぎやかだった。白鳥座の名も知らなかったし、夏の大三角形とよばれる明るい三つの星のことも知らなかった。でも、天の川とよばれる小さな星の集まりが、北の空から南の空に大きく光る帯になって見えるのには、いつも目を奪われていた。天の川が小さな星の集まりで、太陽系の星がある銀河系の星の集まりの中心のほうなのだということを知るのも、ずっとあとのことだった。

◎西の空から消え、いきなり東の空に現れる

稲刈りの夕方、西の山の上に輝いていた大きな明るい星は、しばらくは夕方の空に見えていたが、そのうちにふと見えなくなってしまった。夜空をずっと見渡しても、あの金色の光を散らす星は見つからなかった。

季節が移るにつれ、見えていた星の位置がしだいに変わっていくことには気づいていたが、それはたいへんゆっくりした変化だった。見える星の位置が変わっていくことがはっきりわかったのは、トイレの窓でだった。寝るまえにトイレに行くと、三つ星が隣の家の屋根の上に窓越しに見える。その位置が春になるにつれて移り、やがて見えなくなった。そしてまた冬が来ると見えるようになった。あの明るい星はトイレの窓から見えることはなかったし、真上の空に見えることもなかった。そして突然に見えなくなってしまった。

一、二か月、経てからだったろうか。朝、まだ日の出まえに起きる機会があった。東の山、八ヶ岳が見える道に出たときだった。なんとあの明るい星が、これから日が昇る八ヶ岳の上に輝いていたのだ。

「どうして。西の空に夕方輝いていた星が、いきなり朝の東の空に輝いているなんて」

わたしはたいへん不思議に思った。もしかしたら違う星かもしれないとも思った。そのときだれかに問うてみるとか、本で調べてみるとかはしなかった。夕方西の空に輝いていた星が「宵の明星」とよばれ、明け方に輝いていた星が「明けの明星」とよばれていることを知るのもあとになってからだった。宵の明星も明けの明星も、同じ金星とよばれる星であり、その星がなぜ真上で見ることができないのか、なぜ突然、西の空から消えて東の空で輝くようになるのかが納得がいってわかったのは、学校で子どもたちに月の満ち欠けのしくみや惑星のことを教えるようになってからである。

もうひとつ不思議だったのが、その金星が西の空に見えるときは、西の山に太陽が沈んだ場所の上にいつも見えていたこと、東の空に見えるときは、やがて日が昇る場所の上に見えていたことだった。ときには、西の空に三日月、四日月ぐらいの細い月と星がほぼ上下に並んでいる。ほぼくっつきそうに近づいていることもあるのだが。月も金星も、太陽が通っていった道をなぞるように西の空に並ぶのだ。東の空に見えるときは、太陽が昇ってくる道に月も金星も並んで待っているようにさえ見える。

月と太陽は東から出て西に沈むが、通る道はほとんど同じだ。金星は西の空と東の空にしか顔を出さないが、それでも現れるのは太陽の通る道の上だ。このわけがわかってきたのも、教えるようになってからだった。

金星だけでなく、太陽のまわりを回っている星、水星・木星・土星を見つけようとしたら、太陽が通る道を探せばよいのだ。小惑星と天王星、海王星は肉眼では見えないから無理だけれども。そして水星は太陽にいちばん近いところを回っているので、なかなか見る機会はないのだが。

二〇〇二年四月二十七日、水・金・火・木・土の五つの惑星がみごとに太陽の道に並んだ。わたしもその並んだ星を見た。ただ水星はよく見えなかったのが、残念だった。なぜ並ぶのかは、このあとに。

絵▷P105：2002年4月27日の北海道で見た空。上から木星・土星・火星・金星・水星

五度のトリック

惑星と月が並ぶとき——三

月に隠された太陽

「明日は雲が厚くて太陽は見られないだろうな」と、ほとんどあきらめて床に入った。翌朝（二〇一二年五月二十一日）は、六時ごろ目が覚めた。なんとなくうす暗いし、あきらめていたので起き上がる気もなく、ぐずぐずしていた。三十分もそうしていただろうか。カーテンのすきまから見える空がなんとなく明るくなった。床から出てカーテンを開け窓を開

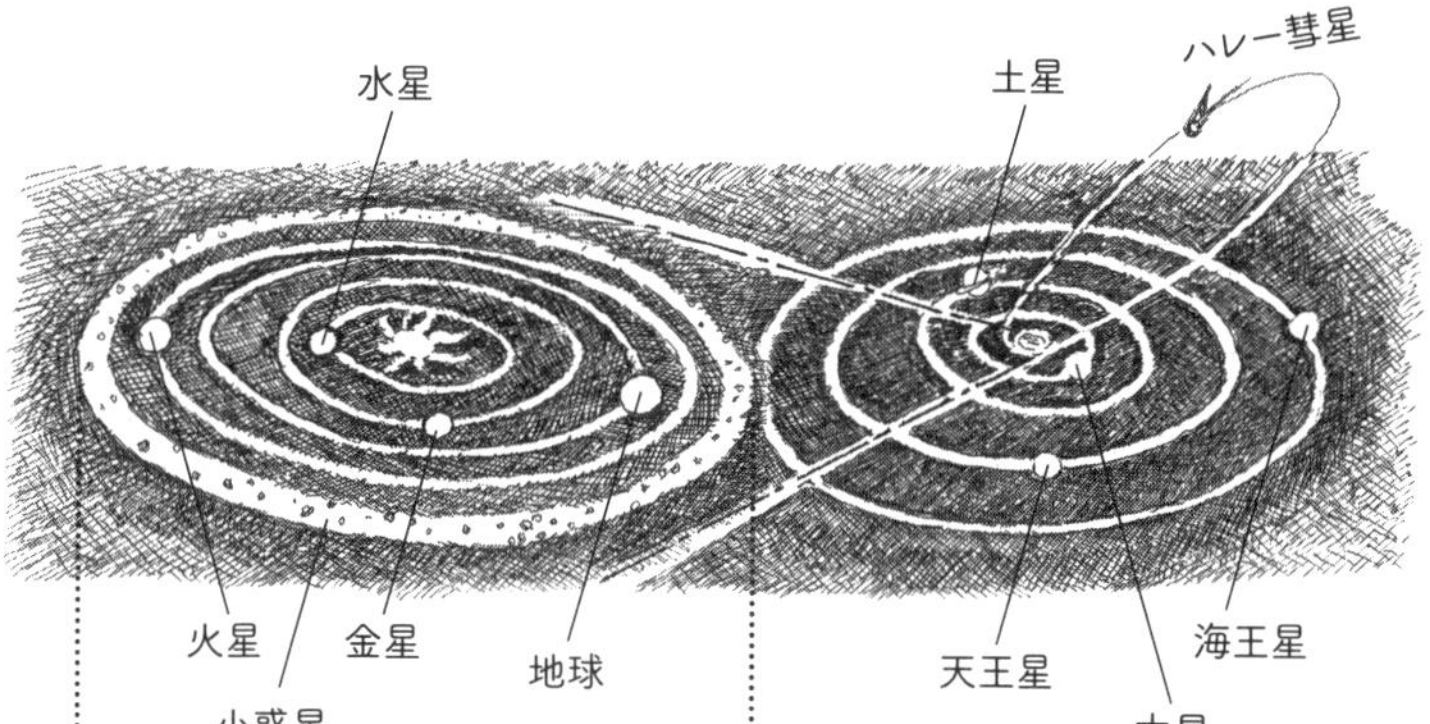

けると、雲は多いがすきまもあって、青空ものぞいていた。

あわてて支度をし、机の上に用意してあった太陽をのぞくための手づくりの眼鏡を手にして二階のベランダに出た。眼鏡は科学研究会のなかまがくれたものだ。役に立ちそうだ。北のほうの空にはもうほとんど雲はない。ちょうど真上あたりを境に、南は雲が厚い。頭上の雲はすきまができている。太陽が見えた。もうずいぶん欠けている。太陽の面に月がすっぽりと重なって、太陽が細い環になって見えるときが刻々と近づいていた。ときどき雲はかかるが、もうこれならだいじょうぶ。わたしの生命があるうちに、この地でこの現象が見られることはもうないのだ。

きれいに月が太陽の真ん中に入った。そのとき、ちょっと厚い雲がかかった。

「これなら肉眼で見えるかも」

眼鏡をはずしてみた。雲がちょうど光の量を調節してくれて、眼鏡なしできれいに環になった太陽が見えた。下の道を通る人が、「わあ、きれいに見える」と声をあげていた。

それにしても明るい。わたしが高校生だったころ、長野県諏訪で見ることができた日食のときは、ほんとうに暗くなったのに。日食のときミツバチはどんな行動をとるか、近所の農家のミツバチの巣箱にへばりついて観察していたので鮮明に記憶している。太陽の明るく見えている部分はわずかなのに、こんなに明るいのだと驚いた。宇宙船から地球上に映っている月の影を見たら、きっとあまり暗くない影なのだろうと思った。

　太陽の周辺をきれいに同じ幅に残して重なった月を見ながら、地球と月と太陽はどうしてこんなにぴったりと重なるのだろうと思った。いまわたしがいる地点でこんなにぴったり重なって見えるのは何十年、何百年に一度しか起こらない現象だろう。でも地球全体でみれば、ほぼ毎年どこかで見ることのできる現象なのだ。太陽と月のあいだに地球があって、三つが一列に並べば月食になる。月食もほとんど毎年見られる。

　宇宙空間のなかでの地球と月の大きさは、ほんとうに小さなものだ。仮説実験授業の「宇宙への道」という授業のなかで、地球・月・太陽の三十億分の一の模型をつくる。太陽を三十億分の一に縮めると、直径がほぼ五十センチメートルの球になる。この模型のためにビニールのボールがつくられている。太陽がその大きさになると、地球の直径はほぼ四ミリメートルになり、月はその四分の一、一ミリメートルの球になってしまう。地球と月の模型は粘土を丸めてつくったり、発泡スチロール球のなかから適当な大きさのものを選び出したりする。

　天体の大きさだけでなく、太陽・地球・月のあいだの距離も三十億分の一にしてみる。すると、太陽と地球のあいだは約五十メートルになる。それにたいして地球と月の距離は十三センチメートル。虫ピンの先に地球と月の模型を刺す。細い角材に十三センチメート

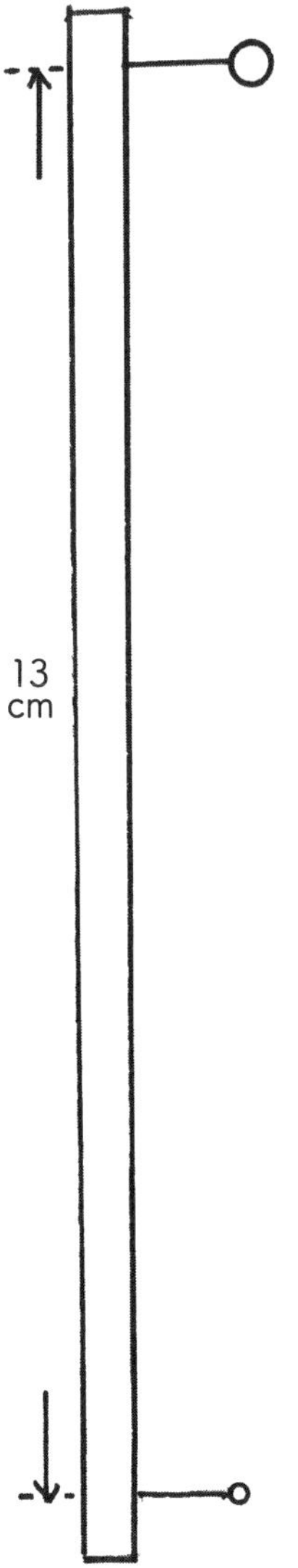

▷地球と月の30億分の1の模型。太陽は直径50cmで50m先にある

ルの間隔で穴を開けてその虫ピンを立てたものをつくる。その模型を手にして、校庭や車の通らないまっすぐな道路に出ていく。

五十メートル先に太陽の模型を置き、地球と月の模型を手にしたとき、地球や月の小ささを感じるとともに宇宙の広大さを思う。校庭が十分広ければ、地球と月の模型を手に持ち、太陽の周囲をゆっくり回ってみる。手にした月が地球のまわりを一周するのがひと月、それを十二回くりかえしながら太陽のまわりを一周したときが一年ということだ。

このとき、模型の地球のところに片目を置き、月の模型と五十メートル先の太陽の模型を重ねてみると、月に太陽が隠されてしまう。これが日食か、と子どもも大人も驚き、納得する。反対に、地球を太陽側に置き、月と地球と太陽が一直線に並ぶようにする。そのとき地球の影が宇宙空間に伸び、その影のなかに月が入るのが月食ということだ。

傾く平面の妙

おもしろいことに、地球と月の模型を手に持ち、月が地球のまわりを回るようにするとき、ほとんどの人は模型をつけた棒を地面に平行に回す。棒を地面にたいし四十五度ほども傾けて回す人はほとんどいないのだ。どういうわけかわたしたちは、地球が太陽のまわりを回る地面という面に、月が地球のまわりを回る面を一致させてしまう。

じっさいに、宇宙空間で地球が太陽のまわりを回る道がある面と、地球のまわりを月が回る道がある面とは、ほとんど同じ平面なのだ。だから太陽・地球・月が一直線に並び、重なる。もし完全に地球の回る面と月が回る面が同じだったら、日食や月食はめずらしくもない現象になっていたにちがいない。自然は月が地球を回る面を五度ほど傾けた。おかげで日食が待ち遠しいものになったのだ。これがもし四十五度も傾いていたらどうだろう。わたしたちは日食や月食を見ることができない。これもまた、つまらない。

六月六日には、太陽面を金星が通過した。期待していたが、しっかり曇って見られなかった。これは地球と金星と太陽が一直線に並んだ証拠だ。ということは、金星が太陽のまわりを回る道のある平面と、地球が回る平面がほとんど同じだから起こる現象ということになる。いちばん太陽に近いところを回る水星が太陽面を横切っているところを写した写真もある。ということは、水星が回る平面も同じだということだ。

今年の八月十四日には金星食が見られる。地球と金星のあいだに月が入って、金星が見えなくなる。何年かまえの夕方に見たことがある。きらきら輝いていた宵の明星がふと月に隠れ、けっこう長い時間たって、きらりとまた姿を見せた。月の回る平面も金星が回る平面もほとんど同じだから、こんなことが起こる。

稲刈りのとき、日が沈んだところの上にいつも輝いていた金星。二日月や三日月もいつも近くにいた。金星ばかりではなく、木星も土星も、そして火星も、昼に太陽が通っていた道筋にそって並び輝いている。そう、それは地球も月も、金星も火星も木星も土星も、同じ平面にある道を動いているからだ。宇宙空間に自然がつけた同じ平面の道を、太陽系の惑星たちは規則正しく動いているから、空に並ぶのだ。そういう目で星を見ていると、これも楽しい。惑星のまわりを回る衛星もほとんど同じ平面を回る。何万個もある小惑星も。土星の輪をつくる無数の氷は、みごとに同一平面を回る。

そう、数年前に惑星からはずされた冥王星だけは違う平面を動いていた。もしかしたら、太陽系の星ができるとき、いっしょに生まれた星ではなかったのかもしれない。

ファーブルたちの宝物

結晶を見つけに──一

水晶山遠足

水晶山に向かう道は桃の花のなかだった。道の上にまでさしかかる枝に、花はすきまなく咲いて、みなそっと花に触れながら過ぎていく。農家の庭にはさまざまな春の花が咲き、春爛漫。

水晶山は山梨県塩山市の竹森というところにある。このへんは中央線の塩山駅からゆるやかな斜面を登ってきたところで、桃やぶどうの産地になっている。桃やぶどう畑に接する山林のなかをしばらく息を整えながら登ると、道端に透明な石英のかけらがちらばって

いる。

「あっ、水晶だ」

「ひらせん、これ水晶でしょ」

子どもたちが急ににぎやかになる。

「うん、水晶だよ。でも、それはきれいな結晶の形をしていないから、水晶の壊れたのかな」

そんなかけらも大事そうに袋に入れる子どもたち。透きとおった石はなぜか心を惹きつける。


荷物を林のなかに置いて、急な斜面に足を滑らせながら探していると、梢を漏れてきた日の光がきらりと反射する。ドキドキして指先につまんだのは一円玉ぐらいの長さがあるきれいな結晶だ。六角柱の先がきれいに尖って、これぞ水晶という結晶。結晶の平らな面が光を反射するから、「これはいい結晶だ」とわかる。でも、拾いあげたら半分に割れた結晶だったりもする。

この水晶山は明治・大正時代に水晶を掘り出していた。けっこう大きな水晶も出たらしい。身の丈ほどの結晶も出たという。適当な大きさの結晶は鉱物標本として日本各地の学校の理科室に納まったということである。掘り出した岩くずや、岩についている水晶をとるときに出たかけらなどを山の斜面に捨てた。そのなかに、小さいけれども典型的な結晶形をした水晶が見つかる。

一行の子どもや大人のなかには、親指の先ほどもある水晶を見つける人もいる。遠足の最後に、「今日のわたしの宝物」をみんなで見せあう。岩に針の山のように小さな水晶がくっついているものを宝物にした子もいるし、形はよくないけれどもみごとに透明なかけらを宝物にする子どももいる。

こんなすばらしい場所も一昨年、立入禁止になった。心ない大人がシャベルなどを持ちこんで斜面を掘り起こし、立木が倒れたりしたため、山の持主があまりのひどさに心ならずも立ち入りを禁止したのだ。わたしは子どもたちに、自然が生みだすこんなにも美しいものに心を躍らせてほしいと思う。結晶の美しい形に「どうしてこんな形に？」と思ってほしい。昨年は山の持主に頼みこんで、特別に拾わせてもらった。今年もそうしようと思う。

◎光り踊る金色の粒

わたしが小学校（国民学校）三年生か四年生のころの思い出のひとつ。立春を過ぎ、雪に埋もれ、氷で固められていた田んぼの土手の上が現れる。張りつめていた池の氷も岸から離れるようになる。山田の湧き水も流れだし、タイワンゼリ（クレソンをそうよんでいた）

が緑色を増すようになっていた。明るさを増した陽光に、小さな流れの水がきらきらと輝いていた。水が小さく流れ落ちるところをのぞきこんだとき、そこに黄金色に光り踊るたくさんの粒を見た。流れの底から湧き上がる砂粒に混じって渦巻くように輝いていた。

「金だ。金がいっぱいある」

いつかどこかで読んだ本の砂金の姿が目の前にあった。走り帰ったわたしは、勢いこんで言った。

「金があるよ。いっぱいあるよ」

家の者はとりあってくれなかった。わたしがあまりに一所懸命だったためか、父が「それじゃ、見にいこう」と腰を上げた。

家から歩いて十五分ほどのところだったろうか。流れをのぞいて見た父は言った。

「ああ、これは金じゃないよ。これは雲母《うんも》というものだよ。雲母が光を反射して金色に見えるんだ」

わたしは少しがっかりすると同時に、「雲母」という新しい名を知って少し興奮していた。父はそのとき、その小川がある山地の岩石が花崗岩という石であること、その石は石英・長石・雲母という三種類の鉱物でできていることを話してくれた。当時使用されていた国定教科書『尋常小学校理科』五年生用では花崗岩が教材になっていた。小学校の教師だった父が花崗岩について知識をもっていたのは当然だった。わたしが五年生になったとき、教科書は『初等理科』になっていて、花崗岩の教材はなくなっていた。

この出来事をきっかけに、岩石をつくる鉱物の結晶に関心をもつようになったが、大きく広がることはなかった。

わたしが小学校教師になってから読んだ一冊の本。『ファーブル 昆虫と暮らして』(林達夫編訳、岩波少年文庫、一九五六年)。ファーブルも少年時代にわたしと同じ経験をしていたことを知った。残念ながら、少年がポケットに入れて持ち帰った金が入った石、花崗岩は、アヒル追いをなまけていたファーブル少年への父親の罵声と、ポケットを破ってしまったことへの母親の嘆きとともに庭に捨てられてしまったのだが。ファーブルもやはり、水の流れに踊る雲母を金だと思ったのだ。

回 結晶とは何か

「結晶」の見方を根本的に変えられてしまったのは、仮説実験授業の授業書「結晶」によってである。いま

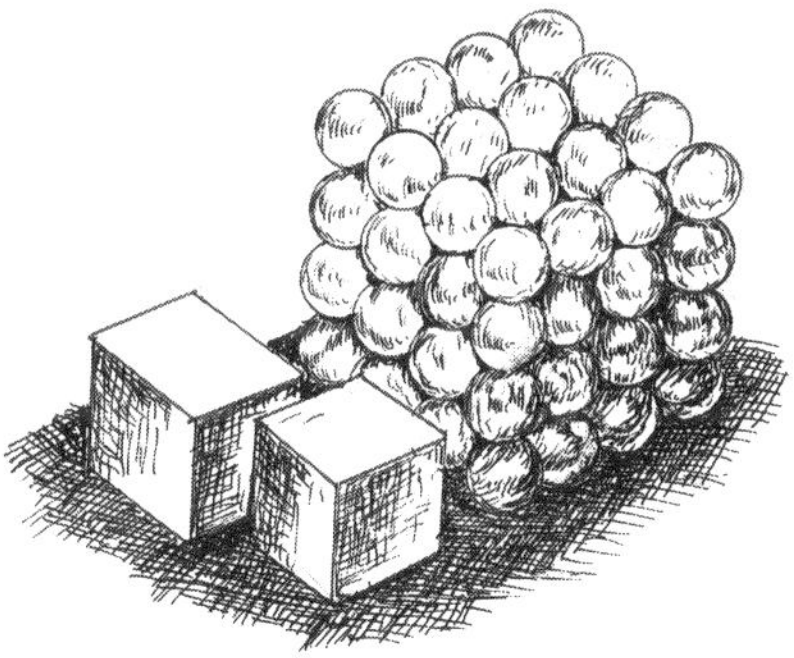

△ 黄鉄鉱とビー玉の結晶模型

から三十年以上前のことだ。水晶や方解石、黄鉄鉱など、みごとに整った形をしている結晶。これらが自然に生じてきたものであること、平らな面を持っていて、光が当たると反射してきらきら輝くことなど、見かけのうえでの特徴をまず知る。さらに、結晶はそんなに特別なものではなく、食塩も砂糖も、ナフタリンも水も、液体から固体になるときは結晶になって固まることを観察する。そして、目に見えない小さい小さい粒、原子・分子・イオンがきちんと並んでしっかりくっつきあうとき、きれいに決まった形の結晶になることを知る。ビー玉を粒子と見たてて、結晶模型もつくってみる。最後は、この世界の硬いものはほとんど結晶であることを納得する。

ＩＴの時代の最先端の技術は、このような結晶のイメージによって成り立っている。「液晶」ということも、結晶のイメージなしではわからない。液晶の世界なんか、すごくおもしろいと思う。一方、わたしはビルの床の石や、川原に転がる石、山道で出会う岩の面などにますます目を引かれるようになった。指先のひと粒の鉱物の結晶に、はかりしれない自然を感じてしまうからだ。

手のひらに砂漠

結晶を見つけに——二

小瓶の思い出

もともとは粉のスパイスでも入っていた瓶だろうか。握れば手のなかに隠れてしまうくらいの大きさのガラス瓶に、赤味がかったうす茶色の砂が入っている。わたしの教材を入れておく引き出しの奥に、大切にしまわれている。

この砂を、三十倍に拡大できる小さな顕微鏡を使って見たときの感動は大きかった。

学校で仮説実験授業の「結晶」という授業をした。そのへんに転がっている石ころも、大きな山をつくっている岩石も、みんな結晶が集まってできていることを知る。そのへん

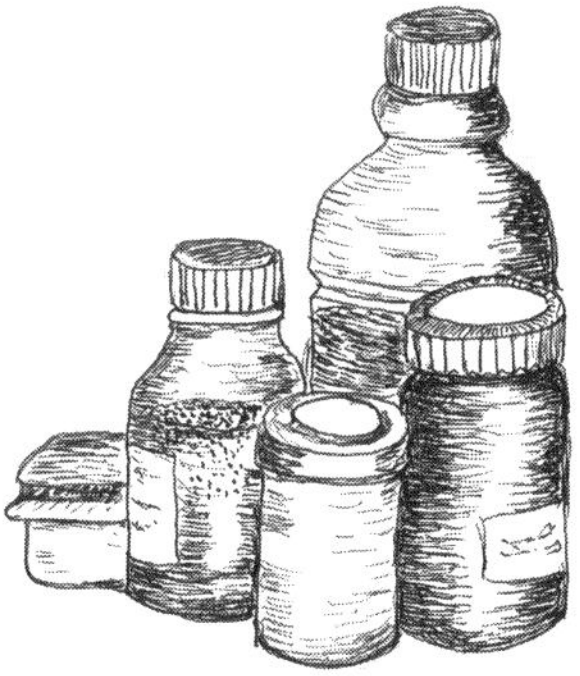

の建物や路面などによく使われている花崗岩（御影石とよばれることもある）は、肉眼でもよく見える結晶の集まりであることがよくわかる石だ。その石を観察したあとのこと。

「こういう石が細かく割れると砂になるんだね。ということは、砂も結晶ということかなあ」と子どもたちに問いかけた。砂も結晶にちがいないと考える子どももいたし、細かくてもう結晶かどうかわからないという子もいた。そこで、学校の校庭にまかれていた砂を顕微鏡を使って観察してみた。砂はよく洗っておいた。

「わあ、宝石だ」

「すごい。結晶なんだ」

子どもたちの声はその感動を表していた。校庭にまかれている砂は水に濡れて、顕微鏡の視野のなかで輝く。この三十倍の顕微鏡には豆球の明かりがつき、反射光で見るようになっている。濡れた砂粒は、水晶のように透明に、うす茶色に柔らかに、真っ黒に重厚に、うす桃色ににじんで輝いていた。はじめて見たとき、わたしも子どもたちのように思わず声をあげた。

休み時間、授業を終えた子どもたちが、校庭の地面をつま先立ちで歩いていた。

「えっ、何してるの、みんな」

「だってさ、この砂、みんなきれいなきれいな結晶なんだもの、踏みつけるのもったいなくてさ」

子どもたちは踊るようにしばらく歩きまわっていた。

旅する砂

担任していたクラスの子どもが、夏休みに父親が働いているクウェートに行くという。わたしはあのアラビア半島の砂漠の砂を思った。その子どもと母親に、「もしできたらでいいのですが、砂漠の砂をほんの少し、フィルムケース一杯ぐらいでいいですから、採ってきていただけませんか」とお願いした。お母さんはちょっと驚いた表情を見せたが、笑顔にもどって、「はい、父親に頼んでみます」と約束してくれた。

夏休みが終わって、子どもの手からわたしの手に、小さなガラス瓶が渡された。「ぼく、お父さんと砂漠まで行ったんだ」ということばとともに。

砂はとてもさらさらしていた。校庭の砂とは感じがずいぶんちがう。ほんの少し黒いプラスチックの板に載せ、顕微鏡

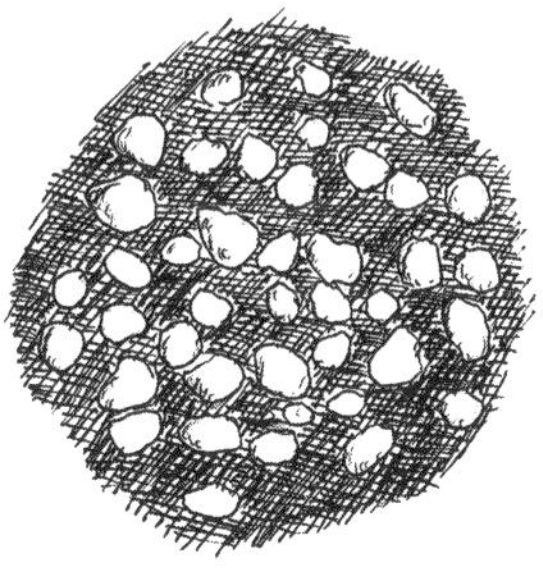

△アラビアの砂漠の砂

のレンズに目を近づけた。

「おお、きれいだ」

視野のなかには、うすく茶色がかっているけれども、透明な、大きさのそろった粒が輝いていた。驚くほど大きさがそろっている。そして角は完全にとれた丸味のある粒だった。

「ああ、やっぱり石英だ」

岩石をつくる鉱物のなかで、石英はもっとも硬い。強い日射、夜の冷えこみ、そして強い風に飛ばされ、何千年、何万年も過ぎれば、残るのは石英だろうと予想はしていた。しかし、粒の大きさがそろい、これほど丸くなっているとは予想していなかった。

そうか、砂漠の砂がとてもさらさらしているのはこうなっているためなんだ。粒の大きさがそろい、丸いからなんだ——。ひとり納得しながら、心が弾んでいた。

科学クラブで授業をしていた女の子が、インドに出張している父親のところに行くという。わたしはまたインドの砂漠の砂を頼んだ。

小さなガラス瓶に入った砂がわたしのもとに届いた。砂は灰色がかった茶色。色は違うが、さらさらした感じはまったく同じ。顕微鏡で見た砂粒は、アラビアの砂漠の砂と同じだった。色の違いはたぶん金属酸化物の違いからくるのだろう。世界中の砂漠の砂を見てみたいと思う。

東北地方に旅行したとき、田沢湖に立ち寄った。湖の波は小さくぴちゃぴちゃと音を立てて岸の砂のなかに消えていた。その岸の砂に目がいった。ちょうど射してきた陽光にキラキラ輝いた。

「石英がいっぱい」

わたしはしゃがんで砂を手にすくった。ちくちくと手の皮膚が痛かった。よく見ると、ひとつひとつの石英は粒というよりも、かけらという感じだった。ポリ袋に入れ、持ち帰った。顕微鏡で拡大された砂のひとつひとつはガラスのかけらのように尖り、鋭い縁を見せているものもあった。

「これはできたての砂なんだなあ」

そう思いながらしばらく見ていた。きっと、湖に流れこんでいた小さな流れで運ばれたのだろう。

津田道夫さんに誘われてハワイへ行った。はじめての外国旅行だった。オアフ島の熱帯の樹々の美しさに目を奪われ、はじめて見る鳥たちも見分けられるようになった。でも、な

△田沢湖の砂

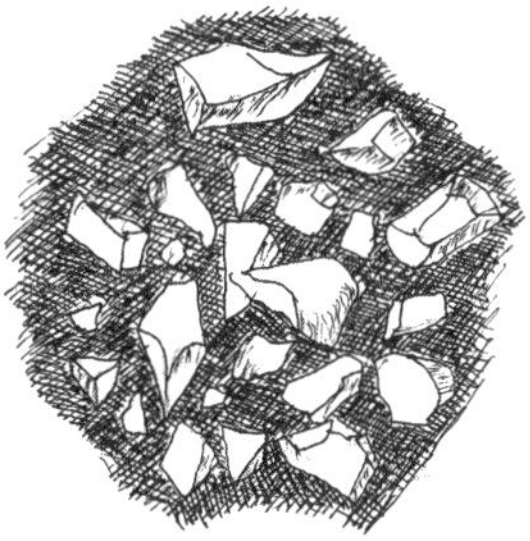

△ハワイのブラック・サンド・ビーチの砂

んといっても心を奪われたのは、ハワイ島のキラウェア火山の溶岩だった。できたての地球がそこにあるという思いだった。まだ熱気が残る溶岩台地には、太平洋の大きな波がぶつかっていた。そこには真っ黒な砂浜があった。ブラック・サンド・ビーチという名でよばれているのもうなずける。

砂を手にとってみると砂鉄に似ているが、もっと艶がある黒さだ。わたしはポリ袋に二つかみほど入れた。あたりを見まわしながら。なぜなら、このへんは国立公園で、一木一草、石ひとつも持ち出してはいけないからだ。顕微鏡で見るのが楽しみだった。

家に帰って、三十倍の顕微鏡で見た。

「おっ、これは黒いガラスの砂だ」

黒光りする粒は、角がほとんど削れていない黒曜石の破片のようにも見えた。キラウェア火山の火口から出た溶岩はまるで水のように流れくだり、海岸に達し、海水のなかに注ぎこんでいるところもある。急激に冷える溶岩は結晶する間もなくガラスのようになってしまう。それが砕けて砂になっているのだ。

海岸の砂、川原の砂、小さな谷川の砂、火山灰に混じる砂、わたしは旅行をすると、フィルムケースやポリ袋に砂を入れて持ち帰ることが多い。そして顕微鏡で見るのが楽しみだ。砂は、地表の岩石や、その歴史をわたしに教えてくれる宝物。

わたしを観る

地球の原子がつくる、ヒトという生命体

母の原子のゆくえ

四月初めの浅間山の麓の雑木林は、梢に春がやってきていた。真冬は灰色だったコナラや、くすんだ茶色だったヤマザクラやシラカバの梢も、ほんのりと赤味を帯びていた。春は樹々の梢からやってくる。カラマツのこまかい枝も黄色味を帯びていた。

小諸市の火葬場は、まだむかしの雰囲気を残して、浅間山をうしろに、林のなかに埋まったように建っていた。細く長い煙突が立っているのも、何か懐かしい風景だった。

ついさきほど、母のなきがらは、分厚い扉の向こうに送りこまれた。

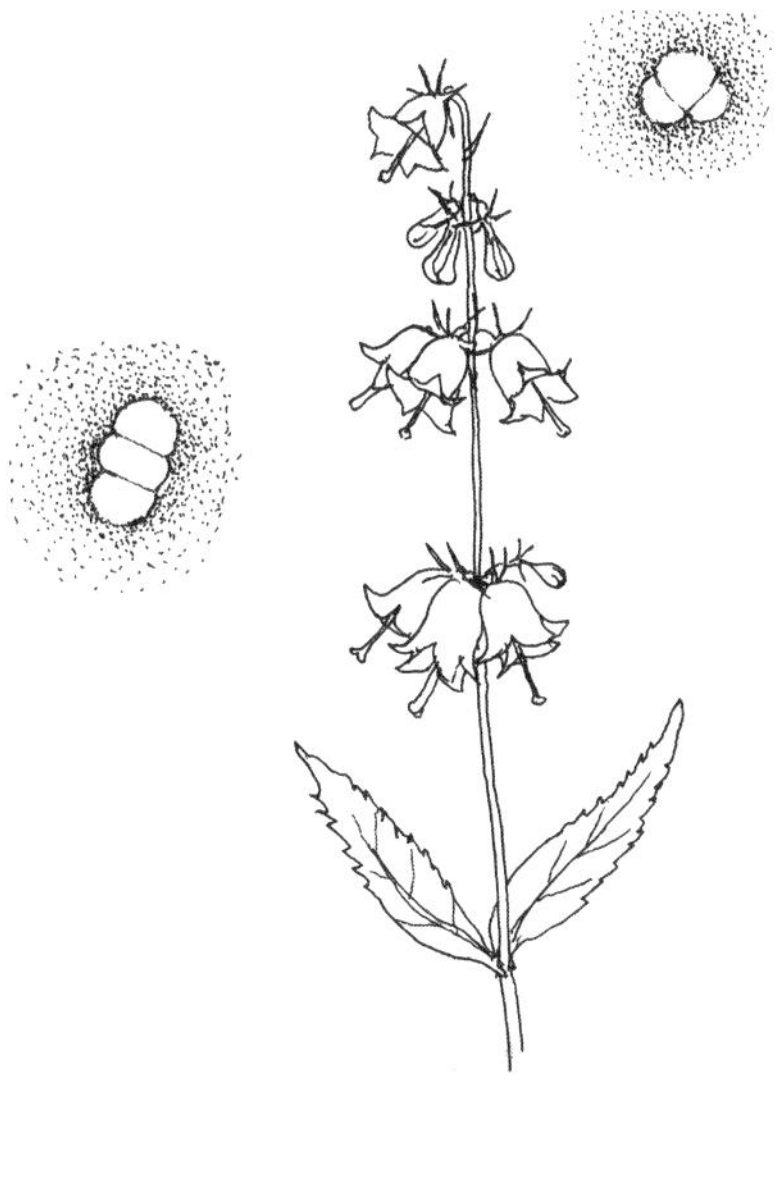

わたしは建物の外に出て、うすく靄《もや》がかかる四月の空を仰いでいた。梢に春がやってきた樹々の上を、うすい紫の煙が流れた。

二〇〇七年、九十八歳を迎えて二か月後に、アイコとよばれたひとりの生命体がその営みを止めてしまった。いまはもうその生命体をつくっていた物質は、多くの思い出をわたしの心のなかに残して、あの煙になってしまっている。

それから一年を経て、母の一周忌の席でわたしは、みなさんの前でこんな話をした。

「母のからだをつくっていた無数の原子は、一年前に火葬になって、ほとんどは二酸化炭素と水の分子になりました。とても数えきれないほどの数のその分子は、もうとっくに地球をひとまわりして、地球のあちこちにちらばっていることでしょう。

あるひとつの水の分子は、母が好きだったツリガネニンジンの葉のなかにとりこまれたかもしれません。あるひとつの二酸化炭素の分子は、すぐそこに生えている草にとりこまれて、甘い花蜜のなかに入ったかもしれません。太平洋の真ん中で海の水に入った分子は、魚のからだに入ったかもしれません。たくさんの生命体をつくる原子になっているにちがいありません」

こんな話をしたわたしのからだは、ほぼ六十七キログラムの原子が集まってできている。この六十七キログラム分の原子の数は途方もなく大きい数になる。もし、わたしのからだが生命体として存続できなくなれば、火葬にされるにしろ、自然に消えていくにしろ、最後はほとんど水分子と二酸化炭素分子になることは確か。あとは窒素化合物や、カルシウムなどのミネラル分の化合物になってしまう。

いったい、わたしのこのからだをつくっている原子・分子は、どのくらいの数になるだろう。最後にほとんどが水分子と二酸化炭素分子になるとしたら、その数はどのくらいだろう。地球表面のいろいろなところにゆき渡るほどの数があるのだろうか。

原子は流転する

母の一周忌で話をしたあと、しばらくたってから、わたしのからだをつくる原子・分子がすべて地球表面に均等にちらばったら、手のひらほどの面積に何個ぐらいが存在することになるか計算をしてみた。慣れないモルとかアボガドロ数などをなんとか使って。すると結果があまりに大きな数になるので、なんだか不安になり、どこかまちがっているのだろうと思ったが、そのままにして時が過ぎた。

昨年（二〇一五年）の夏、同じようなことを考えた人を知った。それは科学の授業の研究会、仮設実験授業研究会の会員、池上隆治さん。池上さんは、一滴の水の分子が気体になって地球上にちらばったら、一平方センチメートルの面積に何個ぐらいの分子がゆき渡るか計算した。その結果を研究会で発表してくれたのだ。

池上さんの計算によると、一滴の水だと一平方センチメートルあたり五〜六個の分子がゆき渡るという。人間ひとりが五十キログラムの水とすると、なんと一平方センチあたり三百万個にもなるという。

となると、わたしのからだをつくっていた原子・分子が、地球上のいろいろな生物のなかにとりこまれることは十分に可能だ。熱帯のハイビスカスの花に入ったり、北極圏の地衣類（藻類と共生し一体化した菌類）に入ったり、大洋のクジラに入ったりすることもあるにちがいない。植物に入れば、光合成によって糖類になり、花蜜になってミツバチに吸いとられるかもしれない。あるいは南極の氷のなかに入って、何千年もあとに氷山となり、海の水に入るかもしれない。ペンギンの卵のなかに入るかも。こんな物語は、かぎりなく続けられそうだ。

気体にならなかった原子たち。カルシウムやリンや鉄、骨や血液をつくっていた原子たちは、やがては土に混ざり、植物にとりこまれたり、雨水に流され、海に出ていったりするだろう。

海に出た原子は、プランクトンにとりこまれ、やがて魚のからだに入り、最後はマリンスノー（海中を降る雪のように見える微小物体の総称）となって海底に沈む。そこで何万年かあとには堆積岩となりつつ、海底のプレートとともに移動していくだろう。

大陸のプレートにぶつかった大洋底のプレートは、地球内部に沈みこんでいく。そのときに堆積岩も道づれになる。百キロメートル、二百キロメートルと地球内部に入ったところで、地球の熱で岩石が溶け、マグマになって、地殻まで昇ってくるかもしれない。マグマ溜まりのなかで何年かたって地表に噴き出す。噴火口から溶岩になってふたたび地表に出てくる。やがて地表に生えた草にとりこまれ、花びらの美しい色素になることもあるだろう。

原子・分子の旅は、地球が冷えきって火山活動やプレートの運動がなくなり、大気の循環がなくなるまで続くことだろう。わたしのからだをつくっていた原子たちはそのあいだ、地球の表面と地殻の内側のマントルのあいだを動きつづけていくにちがいない。

◎ヒトもまた自然物として

地球上に生きるすべての人間のからだをつくる原子の種類と割合は同じだ。金でできた人間とか、ウラニウムでできた人間などいない。地球をつくる原子が集まり、種々の分子になり、細胞をつくり、組織や器官をつくり、生命体をつくる。そして、それはまた地球にもどる。みな同じだ。

一方で、平林浩と名づけられた生命体は、二度と同じものはできない。原子一個、分子一個まで同じだというものは、過去にも未来にも存在しないだろう。この生命体は唯一のものである。だからこそ大切なのだ。

そして、ヒトという生物が生まれて、ずっと受け継がれてきた遺伝子。わたしの遺伝子はいったい何人のヒトを受け継いでいるのだろう。そのつながりのなかで、一回しかできることのない生命体としてのわたしのからだがある。それが自然物としてのヒトでもある。すべてのヒトに共通する、生命体をつくる原子の種類とその結びつき。その原子は地球の物質循環によって広がり、また集められる。

その一回しかない生命体が、それぞれ一回だけの人生を生きるのだ。だから、ひとりひとりの生命体はかけがえがなく、その命はまたひとつしかない人生を生みだす。

ひとつひとつの命が大切であり、ひとりひとりの人生が大切なのは、そういうことなのだなあと、原子のゆくえを思うことで、あらためて強く思うことになった。

生きものを観る

●日々の出会い

何かに見つめられている

動物たちの気配

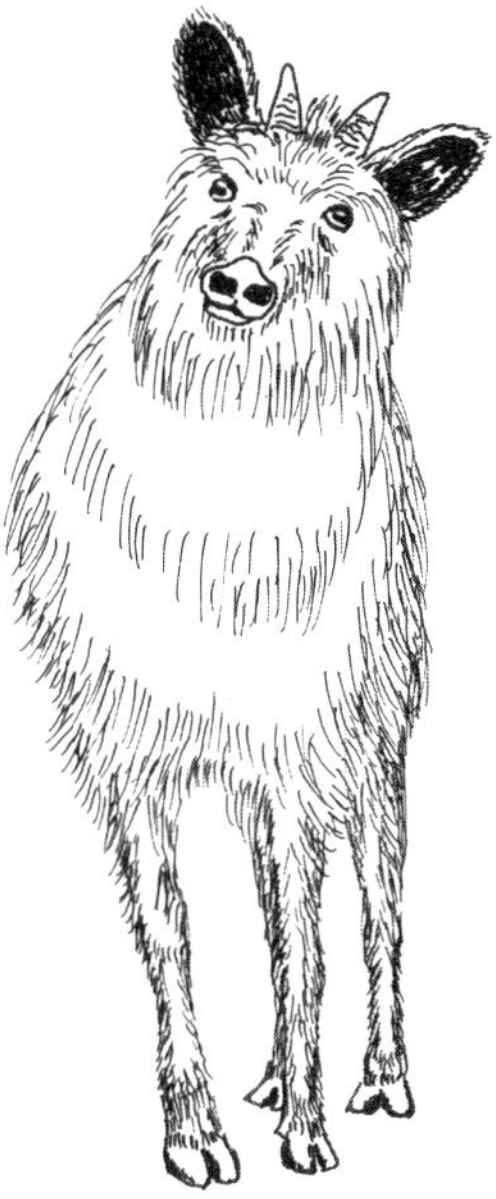

ニホンカモシカに会いたくて

長野県善光寺平の四月の終わり。千曲川をはさみ広がる畑は、りんごの花の白と甘い香りに満ちている。千曲川の土手は萌える草の緑が続き、その向こうには北信三山とよばれる飯綱《いいづな》山、黒姫山、妙高山がほどよく峰を並べていて、いちばん北の妙高山はまだ雪で白い。

学生のころからこの千曲川の土手に立ち、りんごの花の向こうの山々の織りなす春の風景のなかに身を浸らせてきたのだが、そのときは風景をあとにして、善光寺平の東側の山に向かっていた。

バスは須坂の街から松川の扇状地を登る。道路の両側はりんご畑からまたりんご畑。登るにつれて、りんごの花はまだつぼみのものになり、さらに、わずかに芽吹いたばかりへと変わっていく。そのへんは高山村。山間に入ると山田温泉。いまはバスはここまでしか行っていないが、そのときはさらにずっと谷の奥にある五色温泉から七味温泉まで行っていた。いまから十年ちょっとまえのことだ。

ニホンカモシカに会いたかったのだ。まだ、野生のニホンカモシカと出会ったことがなかった。このへんの山にはニホンカモシカが増えてきていると聞いてやってきた。途中の五色温泉でバスを降りた。そこから七味温泉までは、山中を歩いて登る道があるはずだった。地図に載っていた道はすぐ見つかった。車の通る道をそれて、雪がところどころ残る林の斜面をつづら折りに登った。道には雪で押されてへばりついた落葉が湿っていて、歩いても音もしない。

ほんの十五分も歩いたところで、道の真ん中に、大きな豆のような糞が固まっていた。ちょっとつぶれた球状だ。

「おっ、これはニホンカモシカの糞だ。やはりいるんだ」

急に胸がどきどきしてきた。ウサギの糞もシカの糞も豆のようだが、どちらもこんなにまとまって落ちていることはない。

緑は笹の葉だけ。樹はまだ芽吹いていない。モミの樹が混じるから、ところどころうす暗い。右に左に目を向けながらゆっくりと歩いた。なんだかそのへんにニホンカモシカが、ひょいと立っているような気がするのだが、それは思い描いている姿で、じっさいには樹の幹と笹の葉と残る雪だけしか目には映らない。

もう三、四十分も歩いたのに何も見えない。

「やはり、そうかんたんには出会えないのかなあ」

少し疲れて、倒れた樹に腰を下ろした。

ひと休みして歩きはじめた。道は少し下りになった。もう七味温泉も近いはずだ。右側が谷、左側が山。なんとなく谷川のほうにいるような気がして、右に注意を向けながら足を運んだ。道が、小さな尾根をまわるようにして左に曲がった。

そのときだった。ふと、ほんとうにふと、

「何かに見つめられている」

というふうに感じた。足を止め、谷川に向けていた目を山側に移した。

そこに、ニホンカモシカが音もなく立っていた。じいっとわたしを見て、身じろぎもせず立っていた。手を伸ばせば届きそうなところに立っていた。わたしも、身じろぎもせずカモシカの目を見つめた。少しでも動いたら、カモシカは逃げてしまいそうに思えた。カモシカの目はヤギの目と同じで、瞳が横に長い。だからやさしい目に見える。ふさふさとした長い毛。白い毛が多く、大きなからだのカモシカだ。きっとかなりの年を生きてきたのだろう。

どのくらい見あっていただろう。わたしがちらと目をそらしたとき、カモシカもちょっと顔を動かし、やがてゆっくりゆっくりと向きを変え、振り向きもせず低木の枝のなかに姿を消した。

はじめてのニホンカモシカとの出会いだった。それにしても、あの「何かに見つめられている」という感じはなんだったのだろう。そこに「気配」を感じたのだった。

◎オコジョとふたりきり

似たような体験がある。それはさらに十年以上まえのことになる。これも長野県。千曲川を遡って、もうその源流に近いところの十文字峠に登ったときのことである。十文字峠は、長野県の南佐久郡川上村から埼玉県秩父郡大滝村に抜ける峠で、ほとんど通る人もない亜高山の針葉樹林の道だった。はじめての道で、ひとり地図を頼りに歩いた。「ジュリジュリジュリ」というメボソムシクイのさえずりがいっぱいの道をゆっくり登った。急な登りだった。

峠の峰に着くと、ちょうど昼食の時間だった。峰には樹のない場所があって、ごつごつとした石はみんな苔でおおわれていて、適度に乾燥していた。座りやすい石を選んで腰を下ろし、宿でつくってくれたにぎり飯をほおばった。水筒の水を飲み、ツガやモミの葉の向こうの白い雲を見上げているとき、ふと、

「おや、何かいるのかな」

と感じ、ゆっくりと首を回した。ちらと動くものがあって、また動きを止めたようだ。今度は尻も回してうしろを向くと、なんとそこにはオコジョが、きょとんとした顔で立っていた。前足を胸の前でそろえ、後足だけでまっすぐに立って、わたしのところをじっと見ている。石のあいだに樹の根がごつごつと出ていて、その根の上に立っていた。わたしとの距離、四メートルぐらい。

丸い耳、つぶらな目、のどから腹にかけては真っ白な毛。頭から背、尾にかけては褐色の毛。冬になると全身真っ白になるという。イタチのなかまで、頭の先から尾の先まで、大きいものでも二十

センチメートルそこそこ。手のひらに乗ってしまうほどの大きさだ。
じっと見つめあっていた。顔に虫が飛んで来たのでちょっと手で追うと、オコジョはぱっと身を翻して根の下の穴に姿を隠した。そして一メートルほど離れたところへひょっこりと顔を出し、また立ち上がってわたしを見ている。きっと、この苔の下の石と根のあいだに、縦横に穴が通じているのだろう。三、四回オコジョと遊んで、帰路についた。

ニホンカモシカもオコジョも、最初はわたしの視野にまったく入っていなかったことは確か。でも「何かいる」という気配を感じたことも確かだ。不思議な感じがするのだが、どちらの場所も、たいへん静かだった。風で鳴る木の葉の音もなく、自分の足音もない。わたしに自覚はないのだけれど、カモシカやオコジョが出したかすかな音、あるいは空気の動き、あるいはごく弱い光の反射、あるいはにおい、そんなものをわたしのからだが感じとったのだろう。

「気配」は当て字だそうだが、なかなかおもしろいことばだと思った。

真似する二羽

種食う鳥もそれぞれ

空き地の常連

　空き地のわきの小道を歩いていると、十メートルほど先に二、三羽のスズメが、ぴょんぴょんと跳ね上がっているのが見えた。

「おや、何をしているのだろう」と思い、立ちどまった。

スズメは、エノコログサ（通称ネコジャラシ）の細い茎に止まろうとしているように見える。あんな細い茎に止まろうとしたって無理だよな、と思いながら見ていると、一羽がうまく茎をつかんだ。スズメの重さで茎は曲がって穂が地面に着き、茎も地面に着いた。す

るとスズメは、茎を押さえたまま足を横にずらしていって穂に近づくと、その種をついばみはじめた。続いてもう一羽も同じように、穂についている種をついばんだ。

そのときは「なるほど、うまいことやるものだ」と感心したが、その後、メヒシバとかイヌビエなど細い茎の先の穂に種をつける草の種をついばむときには、よくそのようなやり方をしているのを見るようになった。スズメと同じように草の種を食べるカワラヒワが綿毛のついたタンポポの茎に止まって、茎を倒し、種をついばむところも見た。

わが家から数十メートル離れたところに、三百坪ほどの空き地があった。申しわけていどに栗の木が植えられてはいたが、手入れはほとんどされなかったので、二、三本を残して枯れていった。そのあとは草原になった。一年中、さまざまな草が芽を出し、花を咲かせ、種を落として枯れていく。生える草は年ごとに変わっていったが、それでも圧倒的に多いのはメヒシバやエノコログサ。四分の一ほどをススキやチガヤが占めるようにもなった。その土地の所有者は、夏と秋に草を刈った。自動草刈り機は草を細断してしまうから、刈ったあとはふかふかの地面になる。この地面が冬のあいだ、いくつかの鳥たちの命を支えていた。

数羽のキジバト、一、二羽のツグミ、二十羽ほどのスズメ。これらはもう常連。毎日この空き地で餌を探している。ムクドリは数羽でときどき。ジョウビタキは一羽がここのあたりをなわばりにしていた。

とりわけ二十羽ほどのスズメは十二月から三月まで、ここで命をつないでいた。隣の土地に建つアパートと、その向こうにある柿の木や竹を休息と避難の場所にして。細かく砕かれた枯草のなかから草の種を探して食べている。あちこちと歩きまわるのではなく、一か所で自分の身のまわりの枯草をのけながら草の種をついばむ。足を中心にぐるぐるとからだを回しながら枯草をのけていくから、いつのまにかスズメのからだは、枯草のなかに埋もれていく。「何か地面がもぐもぐ動いているなあ」と不思議に思って双眼鏡を使って見ると、何羽ものスズメの背だけが見える。それにたいして、スズメの羽の色模様は枯草とみごとに同じになっているのに感心させられる。スズメが飛び立ったあとにはすり鉢型の窪みがいくつもできていて微笑ましい。少年のころ、脱穀したときのわらくずを積んだところにいくつもの窪みを見つけ、それがスズメのしわざであることを発見した。そのときの「おもしろいなあ」という思いが甦ってきた。

スズメたちは、地面に落ちているエノコログサなどの種をついばんでいるにちがいない。では、土のなかにそんな種が混じっているだろうかと、土をとってよく見ても、肉眼でははっきりしない。虫めがねで見ても、すでに土がついているためか、「ここにある」とはすぐにはわからない。でも、種が想像以上にたくさん混じっているのは、地表の土をとって浅い植木鉢などに入れておき、春になって土を湿らせると、たくさんの草の芽が出てくるからわかる。スズメはそんな小さな種を見つけては、つぎつぎとついばんでいる。スズメから見ると、人間にとっては大豆を見るぐらいな感じで見えるのだろうか。スズメの体長は十四センチメートルぐらい。わたしは身長百七十五センチ。わたしはスズメの十二倍ぐらい。エノコログサの種の直径が〇・五ミリぐらいだろうか。大豆は直径六〜七ミリぐらいだからやはり十二倍ぐらい。そんなものかもしれないなと思う。

◎向日葵の種を食べるスズメ

草の種は硬い殻がついているものが多い。スズメは種をくわえると、くちばしのあいだで種を転がすようにして、殻を器用にとり除くことができる。不消化な殻を除いて食べることができるのだが、種がちょっと大きくなるとだめだ。

冬のあいだだけ置く餌台に、粟や稗《ひえ》や向日葵《ひまわり》の種を入れておくと、スズメはもっぱら粟や稗の種を食べる。小さな種の殻を除いて食べる

から、餌台の上は殻ばかり残る。向日葵の種はくわえてみるものの、この殻は除くことができない。ところが、スズメとほとんど同じ大きさでくちばしの形も大差ないカワラヒワは、じつに器用に向日葵の種の殻を除いて中身を食べる。カワラヒワに発見されると、またたくまに殻の山ができる。スズメはそれを見ているだけである。キジバトはひどいものだ。粟も稗も向日葵も、殻のままぐいぐいと飲みこんでしまう。

向日葵の種が大好きな鳥に、シジュウカラがいる。餌台に一日中やってきては、種をくわえていく。その場では食べず、木の枝やフェンスの上まで運んでいって、種を足で押さえ、くちばしで殻をつつき破り、中身を出す。中身も足で押さえ、つつき壊して食べている。一個の種を食べるのに、カワラヒワの十倍以上の時間がかかる。

シジュウカラは足指で種を押さえることができるので、向日葵の種を食べることができるが、スズメはそれはできない。わたしの家の庭の餌台に来るスズメも、地面に落ちた種をくわえてはみるものの、どうしようもないという感じでくちばしから落としていた。

ある日、わたしは目を疑った。一羽のスズメが地面に落ちていた向日葵の種を、硬い土の上に置いてつつきはじめたのである。つつきどころが悪くて種が跳ね飛んだりしても、それを追ってまたつついた。ちゃんと種を注視してくちばしを打ち下ろしている。数回つついたら殻が破れた。わたしが食べてもおいしいと思う、あの油分に富んだ中身をスズメはおいしそうに食べた。

そのスズメはいつもここに来ているスズメにちがいない。わたしの目から見ると、うらやましそうにシジュウカラを見ていたスズメのようにも思えた。そのスズメはその後、何回か同じようにして向日葵の種を食べた。なんと、いつもいっしょにいるもう一羽のスズメもそれを真似た。粟や稗の種があるときはそちらを食べるが、向日葵しかないときは苦労してつつき破って食べるようになった。いまのところ、その二羽以外にそれを真似るスズメは出てきていない。

あの二羽は今冬も庭に来るだろうか。向日葵の実を食べるスズメが増えるかどうか、楽しみにしている。

いじわるヒヨドリ

鳥たちのなわばり争い

◎ガラス戸越しのバード・ウォッチング

「ほら、そんなにいじわるするの、やめときなよ」

言ってみたところで、相手がヒヨドリではどうしようもないのだが、つい言いたくなってしまう。

一月から二月にかけて、居間のガラス戸越しによく見えるところへ小鳥の餌を置いておく。昨年まではちゃんとした餌箱をとりつけて、その餌箱に向日葵や稗、粟などの種を入れたり、パンくずなどを入れたりしていた。ところが

餌箱に来る鳥を猫がねらい、跳び上がって餌箱をひっくりかえしてしまうので、今年は餌箱をとりつけるのをやめた。

そのかわり、半分に切ったみかんやりんごを木の枝につき刺してある。ときどきパンくずなどを地面にまいておくこともある。それだけでも、いくつかの野鳥がやってくる。いちばん来てほしいのはメジロ。みかんやりんごにしがみつくように止まって、細いくちばしでつついている姿がかわいらしいからだ。

みかんとりんごがあれば、メジロとヒヨドリは確実にやってくるし、ときにはツグミやムクドリも来る。パンくずが加われば、スズメとキジバト、それにジョウビタキも定期的にやってくる。もし、向日葵の種があれば、シジュウカラ、カワラヒワがしょっちゅう来るし、ときには珍客シメが来ることもある。

このようないろいろな鳥がやってきて餌を食べる様子を見ているのが、わたしの楽しみのひとつ。ところが、ここでヒヨドリの、わたしの情的な心で見ると「いじわる」に見えてしまう行動が生じてくるのである。

ガラス戸の外には煉瓦を敷いたベランダがあって、植木鉢がいくつか置いてある。

ベランダの外は、土に踏み石。わずか一メートルほどの幅しかない。その外は金網のフェンス。フェンス沿いにサツキ、ヤブツバキなどの木が葉を繁らせている。真ん中にカジカエデの木がでんと構えている。毎年枝を伐るから、高さ三メートルほどのずんぐり体型。

フェンスの外の地面は三メートルほど下にある。この地の集落の氏神さまの祠《ほこら》が建っていて、敷地は二十坪ぐらいか。ヒノキが二本、わたしの家の二階の屋根を越える高さに伸びているが、電線に触れないように枝が伐られて、ちょっとかっこうがよくない。その下にはツゲやサンゴジュ、ヒサカキなどの樹が一年中、葉を繁らせている。東隣は夏みかんや柿が植えられた畑。西隣は道路を隔てて畑、北隣は人家。

メジロは甘いみかんが大好き。ツバキやサンゴジュの葉のあいだからちらちらと姿を見せ、みかんをつつきだす。と突然、どこからかヒヨドリが舞い降りてきて、メジロにつっかかる。メジロはさっと繁みに身を隠す。ヒヨドリはみかんのそばの枝に止まって、翼をぶるぶると震わせている。まだ興奮がおさまらないのだ。しばらくして興奮がおさまると、みかんを食べるのでもなく、神社のツゲのほうに飛び去った。

それを待っていたかのように、メジロが、小枝や葉に身を隠すようにしながらみかんに近づいてくる。そこまで用心しなくてもいいのにと思うほど、周囲を見まわしてみかんに止まり、つつきはじめた。もう一羽も別のみかんにとりついた。このメジロはいつも二羽で、この神社の樹のあたりにいる。

◎半径三メートル空間の支配者

メジロにたいしてだけではない。地面にパンくずなどまいておくとかならずやってくるスズメにたいしても、ヒヨドリは急降下して追いはらう。この餌場に来るスズメは最大十一羽。不思議にここ三年、この数は変わらない。もっとも、はじめにフェンスの下あたりから顔を出して、サツキの根元あたりをめぐって用心深くやってくるのは二羽か三羽。もしヒヨドリに追われなければ、いつのまにか数が増えていくのだ。

餌箱を置いて、そこに皮つきの粟粒や向日葵の種などを入れておくと、シジュウカラやカワラヒワもやってくる。ヒヨドリは粟や向日葵の種を食べるわけでもないのに、シジュウカラやカワラヒワをしつこく追いはらう。

いったいヒヨドリは、どこにいて鳥たちを見張っているのだろう。居間にいてはわからないので、二階の部屋の窓ガラス越しに観察した。ヒヨドリは窓の中央ぐらいの高さに張られた電話ケーブルに止まっていた。その姿は別に緊張しているようには見えない。餌があるほうをずっと注視しているわけでもない。それでも餌場に鳥たちがやってくると、一瞬のうちに急降下していくのだ。よく見ていると、ケーブルにいるだけではない。ヒノキやサンゴジュの繁みのなかにいて、いきなり飛び出してくることもある。

このヒヨドリは一年中、わたしの家の周囲や前の神社、東隣の畑あたりにいついているヒヨドリである。つがいになって庭のツゲやモクセイに巣をつくり、雛を育てたこともある。もっとも、いまいる個体が昨年、一昨年に巣をつくった個体かどうかははっきりしない。いずれにしろ、冬になって餌箱をつけたり、みかんなどを置いたりすると、そのときから、この家の周囲を居場所にしているヒヨドリが、餌がある場所を中心にして半径三〜四メートルぐらいのなわばりをつくってしまう。

そのなわばり内に入ってくる鳥にたいしては、相手が自分より大きいキジバトでもつっかかっていく。もっとも、キジバトはかんたんには逃げない。多くの場合、に

▲ジョウビタキ

らみあいになり、ヒヨドリは翼を震わせ、キジバトは片方の翼を帆のように高く上げたりして威嚇しあっている。見ているほうがうんざりするほど長くにらみあっていることもある。やがてどちらかがくたびれるのか、そしらぬ様子にもどって飛び去るのだが。ツグミやムクドリも、にらみあいや威嚇のしあいになることが多い。

いつも追われているメジロも、居間から見えるあたりをなわばりにしていて、ほかのメジロがやってくると追いはらう。ヒヨドリと違うところは、メジロ以外は追わないことだ。キジバトもこのあたりをなわばりにしていて、よそ者が来ると追う。これもキジバト以外の鳥を追うことはない。

ジョウビタキは日に数回、姿を見せる。毎年十一月に渡ってきて、そのころはなわばり確保のためにジョウビタキどうしが争っているのをよく見かける。昨年も今年も、ここのなわばりを確保したのは雌のジョウビタキ。直径百メートルぐらいのなわばりを一羽で守り、三月末までその範囲内で生きている。

ヒヨドリにはなわばりを持たないものもいるが、これについてはまたの機会に。

わたしに「なわばり」というイメージで自然を見る基礎をつくってくれたのは、Eliot Howard『Territory in Bird Life』(Collins, 1948) と宮地伝三郎『アユの話』(岩波新書、一九六〇年) の二冊の本だった。

雨鳴きが聞こえる

田水張る月のアマガエル

懐かしい声

六月二日、日付が変わる少しまえに、明日の授業に必要なプリントをコピーしに、近くのコンビニまで出かけた。家を出て百メートルぐらい歩いたところで、「ケケケケ」とアマガエルの声が聞こえてきた。それに続いてもうひとつ、少し音色の異なる「ゲゲゲゲ」という鳴き声がした。音色は異なるが、わたしが子どもだったころから聞き慣れ、からだに染みつくように記憶されている声である。

「おや、田んぼに水が入ったのかな」と思い、何歩か足を運ぶと、昨年は花を栽培してい

た田んぼに水が入り、もう代搔《しろか》きもすんでいた。二畝《せ》（六十坪）ぐらいの広さがあるだろうか。東西は道路、北は駐車場、南は空き地だが舗装されていて、周囲四辺ともコンクリートで囲まれた田んぼである。井戸が掘られてあって、水はその井戸から供給されている。

いまから三十年ほどまえにはこのあたりはほとんど田んぼだったが、学校や住宅を建てるために、田は埋め立てられ、水路はつぶされてしまった。そのとき、とびとびに残った水田のために、いくつか井戸が掘られたのだ。

道路や建物が増えてしまったが、まだ十枚ほどの田畑がまばらにあって、その一枚に水が張られた。道路をはさんでもう一枚の田があるが、こちらは毎年、稲がつくられている。今年も水が入って、やはりアマガエルの声が二つ三つしていた。

わたしの家のまわりでも、四月のころからは湿り気を含んだ南の風が吹き、雨の降る気配がしてくると、樹の葉のあいだから「ケケケ」と、アマガエルの「雨鳴き」の声がしてくる。

「この蛙も、あの田んぼで生まれ育ったのかなあ」と、声を聞くたびに思う。それにしても、わたしの家のまわりにいる蛙も、百メートル以上も離れたあの田んぼに行くのだろうか。どうやって、田んぼに水が入ったことを知るのだろうか。なんらかの能力で水が入ったことがわかっても、道路や家や塀や垣根をいくつも越えて田んぼまで行けるのだろうか。

それとも、もう行くのはあきらめているのだろうか。

　この田んぼに集まるアマガエルもすっかり少なくなってしまった。何年かまえまではわたしの家からも蛙たちの鳴き声がにぎやかに聞こえていたのに。やがては「雨鳴き」の声を聞くこともできなくなるのかなとも思う。

　アマガエルの寿命は正確にはわかっていないという。人が飼育した記録では、十年ぐらい生きたものもあるということだが。

　戸隠で庭の草刈りなどしていると、屋根よりずっと高い樹の梢から「ケケケケ」と鳴く声が聞こえてくる。思いもよらぬ高い樹の葉にぺったりとくっついているアマガエルをよく見る。水田からはるかに離れた林や草原のなかでアマガエルと出会う。

「おまえ、どこから来たんだ」

と思わず声をかけてしまう。四〜五センチしかない小さなからだで、少しずつ少しずつ移動してくるのだろうが、それがまた田んぼまでもどって合唱したり、卵を産んだりするのだろうか。

　東京・府中市にあるわが家のまわりでは、なんとか生きのびているアマガエルの行く末を思うのだが、戸隠では圧倒的な生命の躍動を感じるほどである。鳴き声もすごいのだが、七月の梅雨の終わりごろ田んぼのあいだの道を歩くと、蛙の形になったばかりの緑色の小蛙が、足の置き場もないほどにちらばっているのに出会う。うっかり足を踏み下ろそうものなら二つ三つ踏みつぶしてしまいそうで、不安になる。ぱらぱらと跳んで逃げる蛙たちは、一か月と少しのあいだ過ごした水田に別れを告げて、あちこちにちらばっていく。

回 小さな遊び相手

わたしが子どもだったころもこうだった。田んぼの水のなかにはたくさんの生きものがいた。小さな小さなミジンコはいたるところで動きまわっていた。タガメやミズカマキリはなんとなく怖い思いで見ていたが、いくらでもいた。怖かったのはゲンゴロウの幼虫で、オタマジャクシに喰らいついているのをよく見た。タイコウチやミズカマキリもオタマジャクシを捕まえて体液を吸っていた。カラスは田の畔《あぜ》に立って、近づくオタマジャクシをくわえ、飲みこんでいた。コサギやアマサギもオタマジャクシをくわえては飲みこんでいた。

それでも梅雨の終わりころになると、田のあいだの道は小蛙でいっぱいになった。アマガエルだけではなく、トノサマガエルの小蛙もたくさん出てきた。

田の畔につくられた大豆の葉の上、畑のとうもろこしの葉の上、庭先で陽よけのために棚に這い上がった南瓜の大きな葉の上、アマガエルたちはそんなところにいて、小さな虫を待っていた。

こんなアマガエルを飼ってみようと思った。中学生のころだったろうか。ガラスの水槽の底に砂利を敷いた。田の畔によく生えている草を抜いてきて植えた。蛙が隠れる場所をと思い、小さな植木鉢を横にして置いた。父が世話をしていた植木鉢の底にアマガエルが入りこんでいるのをよく見ていたからだった。
二、三匹のアマガエルを捕まえて水槽に入れ、木の板でふたをした。さて、餌はどうするかを考えた。小さなクモやハエを捕まえて入れてやれば、いつかは食べるだろうと思ったから、数匹捕まえて入れておいた。でも、虫たちはふたの裏などに止まっていて、蛙の近くに行かない。蛙が餌を食べるところを見たかった。そこで、ピンセットの先でハエをつまんで蛙の口に近づけてみた。蛙は知らん顔をしていて見向きもしなかった。
きっと、虫が動いていなければ餌だとは思わないのではないか、と考えた。葉の上にいる蛙が、虫が飛んでくると顔をそっちに向け注視する様子は、何回か見ていたからだ。

うまく動かすにはどうしたらいいかな、と思案していると、風に揺れるイネ科の草の穂が目にとまった。その穂を引き抜いて、実をとりさった。細く残った茎の先にハエを刺した。茎の根元を持つと、茎の先は細かく揺れて、死んだハエでも動いて見える。

水槽のふたをとって、そっと草の茎を差しこみ、蛙に近づけた。蛙はぐっと頭を上げ、ハエを注視した。つぎの瞬間、蛙の口が開いて、目にもとまらぬ速さで口のなかにおさまった。

わたしは何回か、そのようにして餌を食べさせた。そのうちに、蛙たちは水槽のふたをとると、頭を上げるようになった。ふたが開くと餌が来ることを学習したのだろう。そうなると蛙がかわいくなった。秋風が吹き、虫が少なくなってきたころ、その蛙は野に放した。蛙にとくに強い関心をもっていたわけではないが、蛙は自然の遊び相手だった。

雛を育てる

シジュウカラの餌探し

親をなくした五つの子

もう三十年、いや四十年ほどもまえのことだ。

「うちの庭のカエデの木にかけておいた巣箱にシジュウカラが巣をかけたらしい。見にきてくれないか」

と、知人からの少々うわずった声が受話器から聞こえてきた。ぜひ見にきてほしいというのだ。東京・世田谷区の住宅街にある庭にシジュウカラがいることは、さほどめずらしいことではない。でも、巣箱に出入りするシジュウカラを見たかったので知人の家に行った。

茶室風な座敷の障子を開けると、ガラス戸の向こうに庭の植えこみが見えた。その中央のカエデの木に巣箱がある。

「親鳥がたまにしか出入りしないので、まだ卵を抱いているのでしょうね」

柿の芽吹きが美しい季節だった。シジュウカラは巣箱のなかで、小さなからだの下にたくさんの卵を抱えるようにして温めていることだろうと思って見ていた。するとそのとき、親鳥が巣箱の穴から顔を出し、しばらく見まわしていたが、すっと飛び去った。お腹がすいたのだろう。

「ちょっとのぞいてみますね」

巣箱の屋根になっているふたは開けられるようになっていた。庭に出て、大きな庭石の上に乗って巣箱のなかをのぞいてみた。巣箱の底に厚く敷かれた蘚苔《せんたい》。その中央には鳥の羽や犬などの抜け毛が集められている。卵は羽毛のなかに五個あった。知人ものぞいた。

「やあ、こんなふうになっているのですね」と興奮した声がした。

何日かして、どうやら雛がかえったようだと知らせてきた。親鳥が虫らしきものをくわえて巣箱の穴に入っていき、糞をくわえて出てくるという。わたしは「また見にいきます」と約束をした。しかし、都合がつかず何日かが過ぎた。

勤め先に電話が入った。

「なんだか、朝から親鳥が出入りしないのです。何かあったのでは……」

わたしはちょっと早帰りをして、知人宅へ向かった。巣をのぞいてみると、雛は生きていたが、あきらかに元気がない。産毛がとれ、羽が伸びだしていた。巣から羽毛ごととり出して、小箱のなかに入れた。くちばしを軽くつつくと、三羽は口を開けた。とりあえず、ぬるま湯に人間用の栄養剤を溶かして口に入れてやった。さらに、ゆで卵の黄味と食パンを混ぜて急ごしらえの人工餌をつくって、雛鳥の口のなかに入れてやった。五羽のうち二羽は、もう口を開ける元気もなかった。

「親鳥に何か事故があったのでしょうね。それにしても、雌と雄が両方いなくなるというのはどうしたのでしょうね」

雛鳥たちはもう衰弱していた。ほとんど一日餌を食べていなかったのだろう。

「なんとか、生きている虫を採って食べさせてやれればいいですがねえ」

わたしは子どものころから中学、高校生のころ、シジュウカラ、ムクドリ、コヨシキリ、ツバメ、カラスなど、巣から落ちた雛を育てたことがある。カラスとムクドリは野に返したが、ほかは死んでしまったり、三年四年と飼いつづけたりした。

巣立ちしていない雛を育てるのは、とにかくたいへんだ。知人と協力して、わたしも虫を採ることにした。蛾の幼虫、クモなどを探した。木の葉のあいだに巣を張るクサグモは見つけやすい。でも、捕まえるのはたいへん。クモは葉のあいだに糸で皿のような巣をつくり、その奥のほうにひそんでいる。巣の糸を尖った草の葉の先などでうまく振動させると、クモは虫がかかったと思うのか、飛び出してくる。そこを捕まえるのだ。

とりあえず、人工の餌と虫を一時間おきぐらいに与えるようにして、人間が親鳥のかわりになった。時間の都合がつく知人夫妻は、それから虫採りの日々がはじまった。

◎コモリグモ届けます

時間がとれたとき、自宅の近くの畑や空き地でコモリグモを捕まえることにした。子どものころ、春先に摘草によく行った。畑や田の土手など、日だまりの暖かさのなかでセリなど摘んでいると、枯草のなかからクモが出てきた。まだ気温が低いから、動きはゆっくりだった。そのクモのなかには、尻のところに丸いものをくっつけているものがいた。そのころは、それが何かということも知らなかったが、こういうところには、巣をつくらないクモがたくさんいるということは、強く印象に残っていた。

わたしがいま住んでいる家のまわりには畑もあるし、田んぼも少しは残っていた。あのクモがいるかもしれないと思った。休日に近くの畑に行ってみた。畑にはまだ作物はなく、ナズナの花やノボロギクの花が咲いていた。畑の周辺の落葉などがたまっているところに行って、しゃがみこんだ。手で落葉をどけてみると、つぎつぎとクモが現れた。体長が一センチメートルにも満たないクモだ。このクモはわりあいかんたんに手で捕まえることができた。子どものころに目にしたあのクモと同じクモだろう。

ときどき、尻の先に丸いものをつけているクモもいた。この丸いものは卵が入っている袋だということはもう知っていた。だから、袋をつけているクモは捕らなかった。ガラスの小瓶に捕まえたクモを二十匹ほど入れて、つぎの日に知人宅に届けた。三羽のうち一羽だけは元気でよく餌を食べたが、二羽は元気がなかった。

「クモはよく食べます」ということばで、わたしのクモ採りは続くことになった。

わたしが捕まえているクモが、コモリグモというなかまのクモだということは、図鑑を見てわかった。からだの模様から、ウヅキコモリグモという種のようだった。卵の入った袋、卵嚢《らんのう》をつけているのは雌で、からだが大きい。

あるとき、卵嚢をつけている雌をうっかり捕まえてしまった。卵嚢が尻からはずれると、急に親グモは動きがゆっくりになり、うろうろとしはじめた。そして、卵嚢を発見すると、急いでそれを尻の

ところにくっつけた。とたんに動きがすばやくなり、枯草の陰に身をひそめた。なるほど「子守りグモ」の名にふさわしい、と思った。

なかには、背中がぼろぼろになっているように見える雌グモがいる。子どものころ、なんだか気持ち悪い思いで見ていたことを覚えている。よく見るとそれは、背中（腹部の上面）にびっしりとくっついている子グモたちだった。ぼろぼろのように見えているところに触れたら、そのぼろぼろたちはいっせいに周囲に散ってしまった。親グモの背中はふつうの様子になった。親グモの尻についていた卵嚢のなかの卵から子グモがかえると、親グモは、卵を包んでいたクモの糸でできた袋を破ってやる。出てきた三十〜四十匹の子グモは、親の背にある先が鉤《かぎ》形になった短い毛にしがみついているのだという。このクモの子たちは、危険なときや水など飲むときはいっせいに親の背から離れる。まさに「クモの子を散らす」様子になる。この子どもたちは散るとき、自分の尻から一本の糸を引いていく。もどるときはそれをたぐってもどるのだ。

シジュウカラの雛は一羽だけ大人になった。パンくずもケーキのかけらも大好きだった。もちろんクモも大好き。五年ほど元気に生きて、一生を終わった。野生だったらほぼ三年の命だそうだ。わたしのクモへの関心は、ここからはじまった。

からめとられて

糸によって進化するクモ

捕獲されたスズメ

いきなり足下に鳥が落ちてきて、草の根元でもがいていた。なにごとかと思い、よく見ると、もがいているのはスズメだった。スズメだったら翼をばたばたさせそうなものなのに、脚をばたつかせ、首を伸ばしたり曲げたりして、まさにもがいているのだ。

わたしはしゃがんで、スズメをそっと手のなかに入れた。なんと、そのスズメのからだにはクモの糸がいっぱいからみついて、翼を動かすことができなくなっているのだった。スズメのからだをそっと包むように持っている手のひらにも、クモの糸のべたつきが感じ

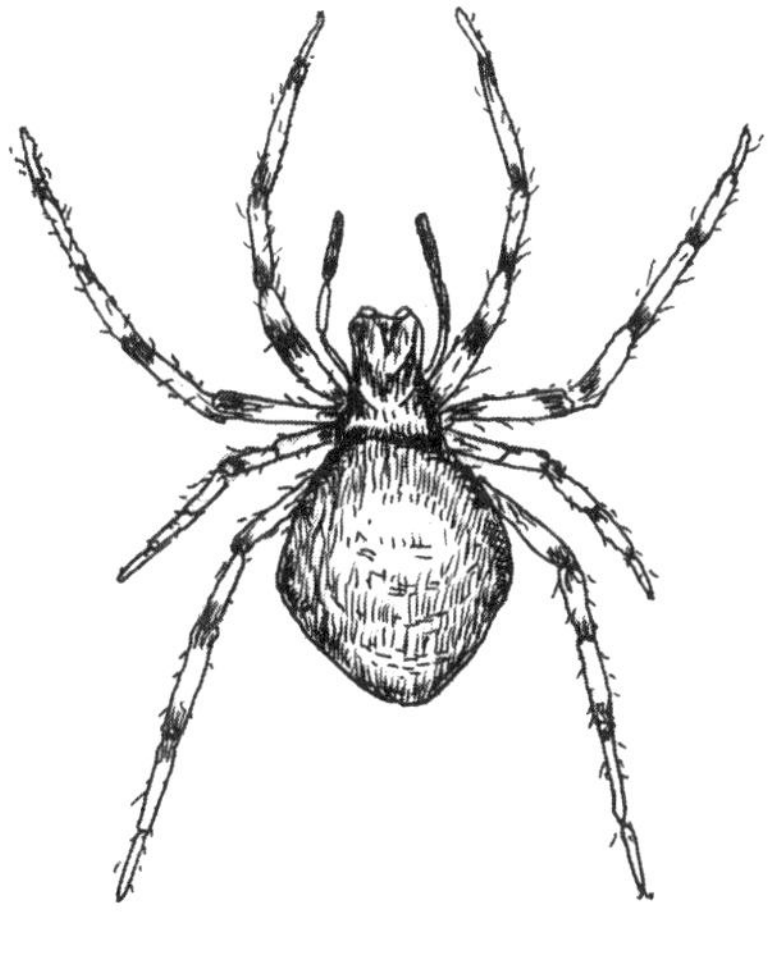

られた。

このスズメは、わたしの頭上に張られていた大きなオニグモの巣に飛びこんで、粘りの強い横糸がからだに巻きついてしまったにちがいない。屋根の端から電線や立ち木に糸がかけられ、りっぱだなあと感心して見ていたクモの巣に、スズメがかかってしまったのだ。

ここは蝶の通り道になっているし、蟬もよく飛ぶ。オニグモはそれがわかっているらしい。毎日同じ場所に、虫を捕らえるための網を張るのだ。

これが蝶のような虫だったら、網の振動を感知して駆けつけたオニグモは、暴れる虫に噛みつきながら、虫の動きを止めるための毒液を注入する。鋭く尖ったあごの先に毒液を出す小さな穴があって、噛みつくと同時に毒液が虫の体内に入る。この毒はほとんどすべてのクモの種が持っているのだという。この毒は虫のからだを麻痺させるのだが、人間にはまったく効かない。鋭いあごも人間の皮膚を刺せるほど大きくはないし、毒液が人間に効くほど多くもないからだろう。

タランチュラと一般によばれているクモに噛まれると、命にかかわると聞かされてきた。ヨーロッパ南部にいる大型のクモ、和名でタランチュラコモリグモは体長が三センチメートルほどだという。むかしから、猛毒を持っていると恐れられていたそうである。このクモに噛まれて苦しんでいる人は、音楽にあわせて踊り狂うことが最良の治療法とされていた。そのため、このクモの毒による病状を舞踏病とよんだということだ。今日、このクモには人を苦しめるような毒はまったくないことがわかっている（小野展嗣『動物たちの地球82　クモ・サソリほか』週刊朝日百科）。

映画の場面で、野宿している人に忍び寄る大きなクモが登場したりする。毛むくじゃらなクモは見るからに恐ろしげである。これもタランチュラとよばれている。棲んでいるのは中南米の熱帯地方、体長七〜八センチメートルもある大きなクモだが、人の命にかかわるほどの毒は持っていない。性質はおとなしく、人間を攻撃することはほとんどないそうだ。オオツチグモのなかまのクモたちだ。ちなみに、地球上に生きる三万五千種のクモのなかで、人間に危害が及ぶようなクモは二十種ほどだということである。

話をもどそう。オニグモの網にかかって飛べなくなったスズメは、クモの毒で動けなくなったわけではなく、糸が翼と腹部をぐるぐる巻きにしてしまったために動けなくなったにちがいなかった。わたしは左手のなかにスズメのからだを包みこむようにしながら、右手の指で羽にへばりついているクモの糸を少しずつはがしていった。べたべたと羽毛にくっついている糸は、なかなかきれいには除けなかった。

八月の末だったか九月の初めだったか、秋の気配がしてきたころだったと思う。スズメは換羽期にかかっていて、羽がバラバラになっていた。古い羽は艶も失っていた。だからクモの糸がくっつきやすいということもあったろう。飛ぶ力も弱かったにちがいない。

◎クモの糸の研究

粘る糸をていねいに除きながら、クモの出す糸のみごとさに感心していた。スズメまで身動きできなくしてしまう横糸。その横糸をかけていく縦糸。縦糸を支える枠糸。その枠を支える繫留糸《けいりゅういと》。この繫留糸が巣網全体を空中で支え、端は軒先や木の枝、電線などに、しっかりくっつけられている。

スズメの羽をべたべたにくっつけていたのは横糸で、オニグモの場合、巣網の中心部分にある「こしき」とよばれる場所の外側にかけられている。縦糸から縦糸へ、糸は渦巻き状に張られている。横糸はたいへん細い糸で、支

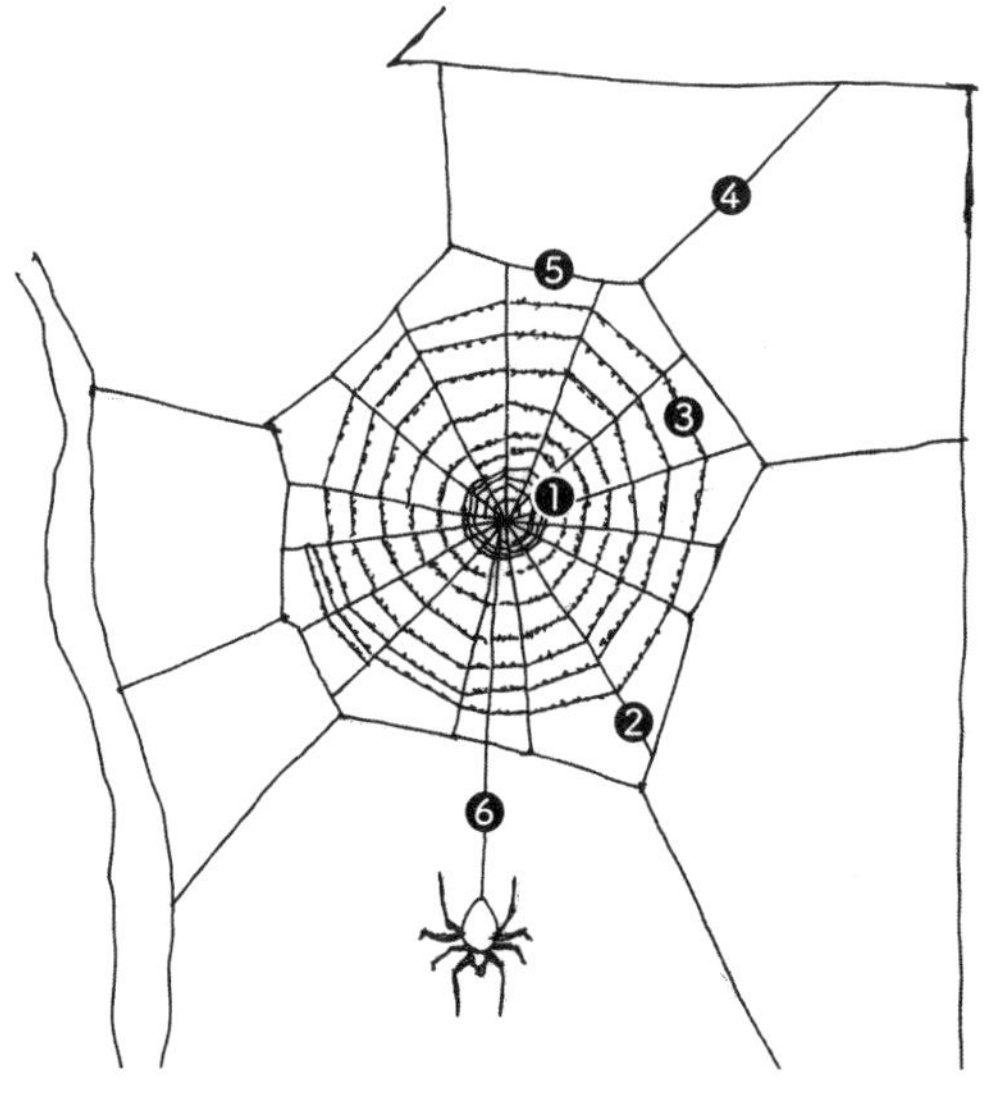

△オニグモの巣網模型図。
❶こしき、❷縦糸、❸横糸、❹繫留糸、❺枠糸、❻牽引糸

える力は強くない。でも、よく伸びて、虫などが網にかかるとその力を吸収しつつ、からだにくっついて動きにくくしてしまうのだ。

スズメのような大きなものがかかれば、横糸だけでなく縦糸も切れて、巣網は大きく破れてしまう。上に張られていた巣を見たら、半分以上破れてしまっていた。

「もう、クモの巣になんか飛びこむなよ」

手のなかのスズメを、クモの巣から離れたところまで運んでいって、放してやった。スズメは羽根がそろっていない翼で一所懸命羽ばたいて飛び去った。

子どものころ、木の枝を切りとり、Y字型にして、その枝先のところにオニグモの巣の糸を巻きつけた。いっぱい巻きつけると、クモの糸がY字型の枝のあいだで、目の細かい網のようになった。これを使って蟬やトンボを捕まえようというわけだ。止まっているトンボに枝をそっと近づけて、さっと振る。トンボはクモの糸にからめとられる。蟬は覆いかぶせるようにした。ところが、この捕虫網は意外に早く効力を失ってしまう。うっかり地面に落としたり、草の葉でこすったりしていると、糸の粘りがなくなってしまうのだ。よく見ると、粘る糸にほこりがくっついてしまっている。クモは、自分のつくった網にくっつくことはない。

クモの糸が、蚕が口から出す絹と同じ分子でできていることを知ったのは、ずっとあとのこと。一九六七年に丸善から出版された、ポーリングの『分子の造型』（木村健二郎・大谷寛治訳）という本だった。分子模型でこの世界を見ることに案内してくれた。蚕が出す糸もクモが出す糸も、同じ絹糸だというのは驚きだった。一方はクワの葉だけを食べる虫。一方は虫を食べる虫。なのに同じ分子でできている糸であったとは。

クモの巣網をつくる縦糸はグリシン、アラニン、グルタミン酸というアミノ酸が結合してできる蛋白質だということだ。横糸はグリシンの割合が大きく、プロリンというアミノ酸、そのほかアスパラギン酸などのアミノ酸も加わっているのだという。そして横糸は、蛋白質がらせん状になっていて弾性が大きいということも、最近ではわかっている。横糸についている粘着物質は、多量の有機物質と硝酸カリウムなどの無機塩を含んでいるのだそうだ（大崎茂芳『クモの糸の秘密』岩波ジュニア新書、二〇〇八年）。

クモは、からだのなかにある糸のもとになる蛋白質などを貯える腺から、目的に応じてアミノ酸の割合や加える物質の量を変えて液を出し、糸をつくりだす。しかも、糸の構造までも変えて。そのため、何種類もの糸を出すいぼをからだのうしろに備えている。

そんなことを知ると、顔などにからみついて嫌だった糸も、部屋の隅に張られたのを見ても、「クモはこの糸を中心に進化した生きものなんだ」と畏敬の思いがよぎってしまう。

午後七時四十分の訪問者

「嫌われ者」たちと暮らす

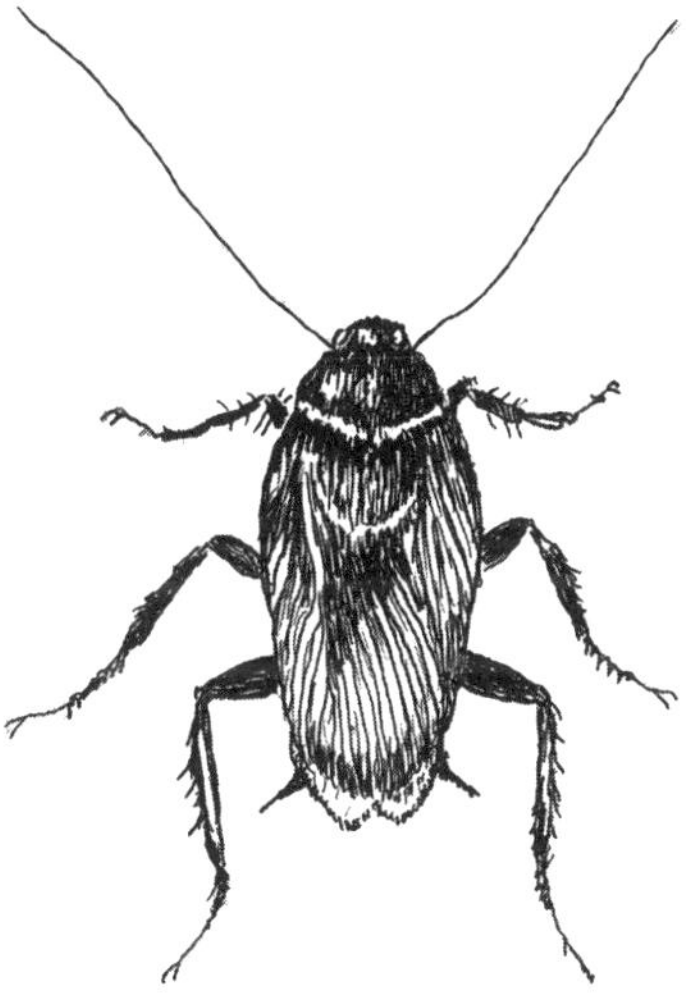

アオダイショウ騒ぎ

つれあいが長電話をしているようだった。電話の相手は義姉だったということだ。そこで話されたことをあとで聞いた。

義姉は東京の杉並区に住んでいる。その家の庭にヘビが現れたのだという。なんという名のヘビかわからない。長さは一メートルあまりあったらしいから、おそらくアオダイショウだろう。庭の植えこみの刈りこんだ枝の上を、するすると動いていくヘビを見た義姉は、気が動転してしまったらしい。なんと一一〇番に電話をしてしまった。先方がどう応対したかなどくわしい話は聞いてないが、十五分ほどして若い警察官が駆けつけてきたという。近所の交番のおまわりさんはあいにく出ていて、隣の町の交番から来たのだという。もちろん、ヘビはもうとっくに姿を隠していた。

「えっ、それでそのおまわりさん、どうしたの」

「ヘビがいないのをたしかめて帰っていった」

「何か捕まえる道具なんか持っていたの」

「べつに、警棒を持っていただけだったわよ」

というふうな電話での会話があったらしい。

　ヘビがいたといって一一〇番に電話するのもどうだろうと思ったり、そのおまわりさん、何しに来たのだろうと思ったりして、つい笑ってしまった。

　そういえば、わが家の庭先にときどき姿を見せていた大きなアオダイショウは、五年ほどまえに姿を消した。でも、昨年、裏庭の小さな物置を壊したときのことだ。柱の根元が腐っていて空洞になっていたところに、小さなヘビが三匹かたまって冬眠をしていた。茶色っぽい細いヘビがからまりあって、動きもせずにいた。ジムグリというヘビのようだ。隣の畑に落葉を積んだところがある。その落葉のなかに空洞をつくり、ヘビたちをそっと入れて落葉をかけた。あのアオダイショウが姿を消してしまって、もうこのへんにはヘビがいなくなったと思っていたので、何かほっとした。

昨年の冬、ほぼ五十年前に建てたまま使っていた部屋を改修した。台所とそれにつながる部屋だ。ほかの部分は子どもが大きくなったとき改修したのだが、その二部屋は最初の家の姿を残したままだった。さすがに台所の床が不安になったからだ。台所は居間ともつながり、明るく広くなった。床も張り替えられ、物が置かれていない面も広くなった。

◎クロゴキブリを待ちながら

七月初めごろだったろうか。居間で夕食をとり、テレビの画面を見ながら習慣になっている食休みをしていた。七時四十分ぐらいの時間だったろう。ふと、台所の床に動くものが目に入った。どこから出てきたのか、いきなり現れた。ゴキブリだった。わが家ではゴキブリはめずらしくもないのだが、何もない広い床に出てくるのはめずらしい。ゴキブリにとっては、体育館の床の真ん中にいるほどのものだろう。さらにめずらしいことに、そこに留まって、あたりを見まわしている。

つれあいはゴキブリの姿を見ると、ハエたたき（こんなものが家にあるのもいまではめずらしいのだろうが）を持って追いまわすのだが、その日は動こうともしなかった。わたしは、「えっ、ゴキブリはあんな広いところで留まっていることもあるのか」という関心で見ていた。こちらが動かないと向こうも動かないのかなあと思いながら、目はテレビの画面とゴキブリとのあいだを行き来していた。

「ぼくが動いたら逃げるだろうな」

そう思い、ゴキブリを見ながらほんの少しからだを動かそうとした。いや、からだは少し動いたのだろう、ゴキブリはするすると動いて、台所の椅子の下を通って姿を隠した。

つぎの日の夕食後、いつものようにテレビを見ながらの食休み。昨夜と同じぐらいの時間だった。これも昨夜と同じ場所に、たぶん昨夜と同じゴキブリが姿を現した。そして、ほとんど同じ場所に留まってあたりを見まわしている。いや、見まわしているように見えたということだろう。

「なかなかりっぱなゴキブリですね」

つれあいはもう、ハエたたきをとりに行く気はないらしい。床に座って見ているわたしとの距離は三メートルぐらいか。たしかに大きく色艶もよく、りっぱなゴキブリだ。

ゴキブリはつねにからだのふたつの側面が何かに触れていないと不安だから、広いところで留まっていることはないと、だれかがテレビの番組で解説していたが、こんな様子を見ると、眉唾ものだ。ゴキブリにもいろいろな性格をもつものがいるのだろう。だから大むかしから、ゴキブリとして生きつづけているにちがいない。いったい、そっとしておいたら、どのくらいのあいだあそこにいるのだろう。関心はそちらに移った。つれあいもじっとしている。というより、ほとんど居眠りをしているようなのだが。

二十分が経った。ゴキブリは触角を振り、肢を動かして、昨夜と同じ経路で姿を消した。

「今夜もあのゴキブリ来るかな」

つれあいがそんなことを言った。

「来るんじゃないかな。きっと、あの時間になると、食休みかなんかに出てくるのかも」

七時四十分ごろになった。

何か、ゴキブリが現れるのを待っている自分がおかしかったし、そんなことを言うつれあいのことばもおかしかった。

「あっ、来た来た」

七時半からの三十分番組が終わるころ、ゴキブリは昨夜と同じように姿を消した。

つぎの日も、ほぼ同じ時間に出てきた。そしてほとんど同じ場所に留まっている。いったい何をしているのだろう。ときどき触角を動かしたり、からだの向きを変えたりするが、ほかに何をするでもない。ほんとうに食休みをしているように見える。ゴキブリが食休みなどするかどうか、わたしにはわからない。まさかテレビの画面を見ているのでは。その考えもばかげている。だいいち、ゴキブリのあの目では画像など見えるはずもない。

ゴキブリは周囲の様子を、人間や鳥のように視覚でなんか捉えていないだろう。あの長い触角、肢《あし》の先、からだに生えたとげなどで触れることで捉えていることはまちがいない。まあ何をしているかはわからないが、ほぼ二十分ほどすれば姿を消すのだ。

そのゴキブリは一週間ほど、毎晩ほぼ同じ時間に現れ、また姿を消した。九日目だっただろうか、いつもの時間になってもゴキブリは姿を見せなかった。

「何かあったのかね」と気になった。

つぎの夜にも姿を見せなかった。

「なんだかさみしいね」

そんな会話をした。

それきり、あの大きなゴキブリの姿を見ない。ゴキブリの寿命がどのくらいなのかは知らない。蛍とか蟬とかは、成虫になってからの時間は一週間程度だという。ゴキブリもそのくらいなのかなあと思いつつも、調べてみようという気にならない。

きっと、卵を産んで一生を終えたのだろう。そういえば、あのゴキブリは雌だった。図鑑の名はクロゴキブリ。台所などにいる害虫と図鑑に書いてあった。

カラスと遊ぶ

いつもそばにいる鳥

トラクターと遊ぶハシボソガラス

厚い雲が消え、雪解けの水が稲の切り株を沈めてしまうほどに溜まる。その水も日一日と減って、田んぼの土にひび割れができて乾いてくる。またたくまに種々の草が緑の葉を伸ばしはじめ、タネツケバナは小さい白い花をつけ、スズメノテッポウが穂を出す。そのころになると、あっちの田でもこっちの田でも耕耘機が動き、田起こしがはじまる。

田起こしがすむと田に水が入り、代掻きがはじまる。芽吹いた樹々の葉が開きはじめ、コブシの花も花びらを枝にわずかに残すころである。知りあいのおじさんが小型のトラク

ターに乗って代掻きをはじめるのを、わたしは暖かい陽射しを浴びながらぼんやりと眺めていた。

トラクターが引く代掻き機が十分に水を吸った土くれを砕き、水と混ぜ、田の土を平らにしていく。土くれが砕かれたとき、土くれのあいだに隠れていた虫たちが逃げ場を失って、水面でもがいたり、走ったりする。その虫たちをねらって、ムクドリとセグロセキレイがやってきた。そしてカラスも。カラスはハシボソガラスだった。この田んぼから百メートルほど先の農家に、防風雪のための杉林がある。その林のなかの一本に、ハシボソガラスとハシブトガラスが毎年巣をつくって、入り混ざって生活している。

ムクドリとセグロセキレイはトラクターのあとを追って、出てきた虫をついばんでいる。ムクドリは五羽だから、さきを争ってにぎやか。セグロセキレイは二羽。ハシボソガラスは一羽だった。

カラスは畔にいて、トラクターのあとについていかない。トラクターの動きを見ながら畔の上を歩いている。トラクターの動きにあわせて歩くから、少々急ぎ足だ。それほど広い田ではないから、トラクターはすぐに方向転換をする。カラスは畔の端で止まって方向転換を待っている。トラクターが方向転換を終わる直前、カラスはちょっと飛び上がって空中で方向転換し、またトラクターにあわせて、畔の上を歩きだした。

「なんだろう、あのカラスは虫を捕まえに来たんじゃないのか」

ムクドリやセキレイは虫を探して捕まえては食べたり、ちょっと土手の上で休んだりしているのに、カラスはどう見ても虫に注意を向けているように見えなかった。

「水が深くて田に入れないから、畔の上で泳ぎ着く虫を待っているのかな」

そう思ったから、双眼鏡でのぞいてみた。カラスの真ん丸な黒い目は田んぼの水面を見ていなかった。トラクターや運転するおじさんのほうを見ている。

トラクターが反対側に行き着き、また方向を変える。カラスはちょっと飛び上がって方向を変え、トラクターにあわせて歩く。カラスの足はからだの大きさに比して長いほうではないから、片足を出すごとに尾は左右に揺れる。交互に足を出して歩く鳥のからだは、首が前後に動いてバランスをとる。そんな動きがどことなく滑稽だった。

トラクターが進む、カラスも歩く、方向を変える。運転するおじさんは、トラクターの方向を変えおわるとき、「ホイ」と声を出していた。その声でカラスも方向を変えているように見えた。おじさんはカラスの動きに気づいていたのだった。

山の田んぼは広くない。トラクターは六回ほど行き来して、代掻きを終えた。トラクターが田の端まで行って止まると、カラスははたはたと羽ばたいて、杉林のほうへ飛び去った。結局、一匹の虫も捕まえなかった。

「あのカラスはおかしなカラスだよ。トラクターと遊んでいるみたいだね」

おじさんはそう言って笑っていた。

たしかに、トラクターの動きのリズムを楽しんでいるように見えた。もともとは、代掻きのとき、トラクターのあとに出てくる虫を捕まえていたのだろう。さしあたってお腹もすいていないカラスは、やがてトラクターの動きにあわせて動くことを遊びにしてしまったにちがいない。

◎ハシブトガラスと隠しっこ

三年ほどまえになる。東京でも樹々の紅葉がはじまったころ、代々木公園の森のなかを通った。浅く水の溜まった池には、水浴びをしているカラスがたくさんいた。代々木公園は「カラス公園」と名づけてもいいほどカラスが多い。みんなハシブトガラスだ。

もっとも日没の早い季節。午後三時ごろなのに、もう日の光は樹の葉を横から照らし、色づきかけた葉がきれいだった。空いていた道端のベンチに腰を下ろした。
四、五メートル先にカラスがいた。くちばしに何かくわえている。注意して見ると、小さなプラスチックの筒状の容器だった。子どもがよく口に入れるラムネの菓子が入っているもののようだった。カラスは、ベンチにいるわたしにちらちらと視線を向けながら、道端の草の根元のほうに近づいていく。また、わたしのほうに視線を向ける。わたしは「ははん、あれを隠すのだな」と思ったから、顔は正面に向けたまま、横目でカラスに注目していた。おたがいに気にしながら、ちらちらと見あっていたのだ。

カラスは草の根元にプラスチックの容器を押しこんだ。まわりの落葉をくちばしでかき集めて覆った。そして十メートルほど向こうの樹の枝まで飛んで、わたしに背を向けて止まった。でも、わずかに首を曲げてちらちらとわたしを見ている。

わたしはベンチから立ち上がって、ゆっくり草の根元に向かった。わたしは容器を落葉の下からつまみ上げて、ベンチの上に置いた。ベンチから数メートル離れて立った。

「どうするかな」

カラスはベンチにすぐ飛んできた。容器をくわえてわたしを見る。わたしも横を向きながらちらちら見る。

カラスは、今度は落葉が溜まっているところまで行って、容器を置いた。くちばしで落葉をかき分けると、容器をなかに入れ、落葉をかけた。そしてまた、さきほどと同じ枝に止まった。

「どうだい、今度はわかるかい」

と言っているようだった。

わたしは、容器をとり出し、またベンチの上に置いた。離れて見ていると、カラスはまたやってきた。今度は桜の木の太い幹の、皮の割れ目に押しこんだ。そしてまた、さきほどの枝へもどった。

わたしはしっかり押しこまれていた容器をとり出して、ベンチに置いた。カラスはまたやってきてくわえた。地面に降りたが、ときどき歩みを止めて思案している。相変わらずわたしをちらちらと見ながら。

しばらくして、ふと容器を地面に置き、はたはたと飛び去った。もうわたしとの遊びに飽きたのだろう。

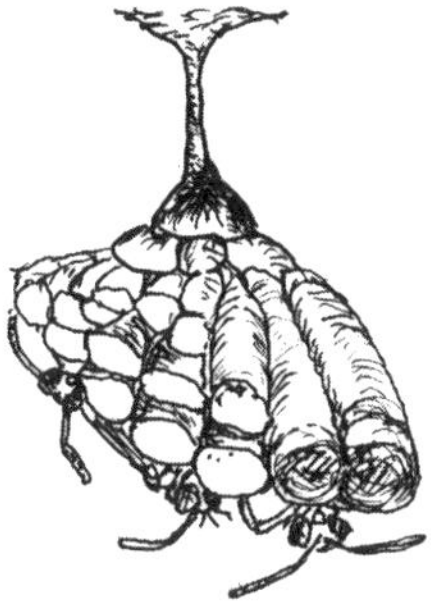

あとがき

二〇〇二年に「自然を観る」を書きはじめた。その文は「障害者の教育権を実現する会」という教育運動団体が毎月発行している『人権と教育』誌に載った。その後、今日まで連載が続き、百十回を数えている。その一部がこの本になった。

この教育運動は、障害のある人たちの基本的な権利として、分け隔てない教育を受けることができるようにするためのものである。認識の問題などの研究も深めてきた。この会の理論的な支柱になっていたのは津田道夫さんである。私立和光小学校に勤めているとき、わたしはまったく目が見えない子どもがいるクラスの担任をした。それがきっかけで津田道夫さんと出会い、この会の会員にもなった。

「自然を観る」という題名で文を書き、連載したらどうかと、わたしに勧めてくれたのは津田道夫さんだった。津田さんはわたしにとって認識論その他の分野での学問の師であった。一方で津田さんは鳥類などの生きものへの関心も強く、わたしと話をするときの話題はそちらに向かっていくことが多かった。ここでは友であった。

「自然を見る」ではなく「観る」にしようと言ったのも津田さんである。「見る」と「観る」は何が違うのか。津田さんは『週刊読書人』に載せた「わが交遊」の二〇〇〇年五月十九日号で、

わたしを友としてとりあげてくれた。「予想をもって対象に問う」の題名で。その文の最後にダーウィンがウォーレスに宛てた手紙の一節を紹介している。

「理論的思索なしに独創的ですぐれた観察はなしえないものと、私はかたく信じています」と。「観る」は、その人がみずからの予想や仮説をもって対象に働きかけて見ることである。「見る」は目に映るに近い。この違いをはっきりさせるために「観る」にしたのだった。

わたしはこの連載のなかで「自然とつきあう」という言い方もしている。「つきあう」は人と人とのつきあいを言うのだが、わたしは、たとえばカラスと遊んでみたりするとき、つきあっていると感じるからだ。また、それが虫であっても、こちらが見ていると虫もこちらを見ていることに気づく。わたしの動きが相手に伝わって、相手も動く。つきあうということばがそれほど不自然ではないと感じてしまうからである。


わたしが自然を観るうえで重要な転機となったのは、仮説実験授業との出会いである。仮説実験授業とは、自然科学のもっとも基本的・一般的な概念や法則を子どもたちに教えようとする教育運動である。その理論と方法は授業書に集約されている。じっさいの授業はその授業書によっておこなわれる。一九六三年、板倉聖宣さんによって提唱された。その後、現場の教師たちの実践的研究によって発展している。わたしも初期から授業をやり、研究も進めてきた。今日まで出前教師というやり方で授業を続けられているのも、この仮説実験授業があるからだ。わたしにとっては、子どもとの授業についてはもちろんだが、科学を知ることができたという意味で重要である。この授業をやり、研究することで科学がわかってきた。

自然を観る目も大きく変わった。いや仮説実験授業があったからこそ「自然を観る」ことがたいへんおもしろく、楽しくなったといえるだろう。「自然を観る」の連載が続けられたのも、そのおかげである。

「自然を観る」をこんなに長期にわたって書きつづけられたのは、『人権と教育』の編集・発行をみずからの手でやりつづけてきたみなさんの努力と励ましのおかげである。また、読んでくださって感想を寄せてくださったみなさんのおかげである。太郎次郎社エディタスのみなさんのおかげでこの本になった。深く感謝の意を表したい。

自然を観、自然とつきあい、自然とともに生きておられる柳生博さんが、この本への素敵なことばを贈ってくださった。あらためてお礼を申し上げたい。

二〇一六年二月

平林　浩

著者紹介

平林浩

（ひらばやし・ひろし）

1934年、長野県・諏訪地方生まれ。子ども時代から野山を遊び場とする。1988年まで小学校教諭。退職後は「出前教師」として、地域の子ども・大人といっしょに科学を楽しむ教室を開いている。仮説実験授業研究会、障害者の教育権を実現する会会員。
著書に『仮説実験授業と障害児統合教育』（現代ジャーナリズム出版会）、『作って遊んで大発見！不思議議おもちゃ工作』『キミにも作れる！ 伝承おもちゃ&おしゃれ手工芸』『しのぶちゃん日記』（以上、小社刊）など、津田道夫との共著に『イメージと科学教育』（績分堂出版）がある。

平林さん、自然を観る

2016年3月15日　初版印刷
2016年4月5日　初版発行

著者………………平林浩

装丁………………臼井新太郎
発行所……………株式会社 太郎次郎社エディタス
東京都文京区本郷3-4-3-8F　〒113-0033
電話 03(3815)0605
FAX 03(3815)0698
http://www.tarojiro.co.jp/
電子メール tarojiro@tarojiro.co.jp
印刷・製本…………シナノ書籍印刷
定価………………カバーに表示してあります

ISBN978-4-8118-0791-1　C0045